普通高等教育"十三五"规划教材

 服务外包产教融合系列教材

主编 迟云平　副主编 宁佳英

After Effects
动态图形设计

张香玉　辛志亮　曾维佳

王传霞　彭　浩　曹陆军　编著

华南理工大学出版社
SOUTH CHINA UNIVERSITY OF TECHNOLOGY PRESS
·广州·

图书在版编目（CIP）数据

After Effects 动态图形设计/张香玉等编著 . —广州：华南理工大学出版社，2017.8
（2024.1 重印）

（服务外包产教融合系列教材/迟云平主编）

ISBN 978 – 7 – 5623 – 5387 – 4

Ⅰ. ①A… Ⅱ. ①张… Ⅲ. ①图像处理软件 – 教材 Ⅳ. ①TP391.413

中国版本图书馆 CIP 数据核字（2017）第 206378 号

After Effects 动态图形设计

张香玉 辛志亮 曾维佳 王传霞 彭 浩 曹陆军 编著

出 版 人： 柯 宁

出版发行： 华南理工大学出版社

（广州五山华南理工大学 17 号楼，邮编 510640）

http://hg.cb.scut.edu.cn E-mail：scutc13@ scut. edu. cn

营销部电话：020 – 87113487 87111048 （传真）

总 策 划： 卢家明 潘宜玲

执行策划： 詹志青

责任编辑： 蔡亚兰 张 颖

责任校对： 梁樱雯

印 刷 者： 广州市新怡印务股份有限公司

开 本： 787mm×1092mm 1/16 **印张：** 12.75 **字数：** 311 千

版 次： 2017 年 8 月第 1 版 2024 年 1 月第 5 次印刷

印 数： 4951～5 950 册

定 价： 48.00 元

"服务外包产教融合系列教材"
编审委员会

总　序

发展服务外包，有利于提升我国服务业的技术水平、服务水平，推动出口贸易和服务业的国际化，促进国内现代服务业的发展。在国家和各地方政府的大力支持下，我国服务外包产业经过 10 年快速发展，规模日益扩大，领域逐步拓宽，已经成为中国经济新增长的新引擎、开放型经济的新亮点、结构优化的新标志、绿色共享发展的新动能、信息技术与制造业深度整合的新平台、高学历人才集聚的新产业，基于互联网、物联网、云计算、大数据等一系列新技术的新型商业模式应运而生，服务外包企业的国际竞争力不断提升，逐步进入国际产业链和价值链的高端。服务外包产业以极高的孵化、融合功能，助力我国航天服务、轨道交通、航运、医药、医疗、金融、智慧健康、云生态、智能制造、电商等众多领域的不断创新，通过重组价值链、优化资源配置降低了成本并增强了企业核心竞争力，更好地满足了国家"保增长、扩内需、调结构、促就业"的战略需要。

创新是服务外包发展的核心动力。我国传统产业转型升级，一定要通过新技术、新商业模式和新组织架构来实现，这为服务外包产业释放出更为广阔的发展空间。目前，"众包"方式已被普遍运用，以重塑传统的发包/接包关系，战略合作与协作网络平台作用凸显，从而促使服务外包行业人员的从业方式发生了显著变化，特别是中高端人才和专业人士更需要在人才共享平台上根据项目进行有效整合。从发展趋势看，服务外包企业未来的竞争将是资源整合能力的竞争，谁能最大限度地整合各类资源，谁就能在未来的竞争中脱颖而出。

广州大学华软软件学院是我国华南地区最早介入服务外包人才培养的高等院校，也是广东省和广州市首批认证的服务外包人才培养基地，还是我国服务外包人才培养示范机构。该院历年毕业生进入服务外包企业从业平均比例高达 66.3% 以上，并且获得业界高度认同。常务副院长迟云平获评 2015 年度服务外包杰出贡献人物。该院组织了近百名具有丰富教学实践经验的一线教师，历时一年多，认真负责地编写了软件、网络、游戏、数码、管理、财务等专业的服务外包系列教材 30 余种，将对各行业发展具有引领作用的服务外包相关知识引入大学学历教育，着力培养学生对产业发展、技术创新、模式创新和产业融合发展的立体视角，同时具有一定的国际视野。

当前，我国正在大力推动"一带一路"建设和创新创业教育。广州大学华软软件学院抓住这一历史性机遇，与国家发展和改革委员会国际合作中心合作成立创新创业学院和服务外包研究院，共建国际合作示范院校。这充分反映了华软软件学院领导层对教育与产业结合的深刻把握，对人才培养与产业促进的高度理解，并愿意不遗余力地付出。我相信这样一套探讨服务外包产教融合的系列教材，一定会受到相关政策制定者和学术研究者的欢迎与重视。

借此，谨祝愿广州大学华软软件学院在国际化服务外包人才培养的路上越走越好！

国家发展和改革委员会国际合作中心主任

2017 年 1 月 25 日于北京

前　言

随着计算机的推广和各种技术的普及，人们接触动态媒体的机会大大增加，各种书籍杂志、电子商务、网络游戏、交互体验、个人媒体终端设备等不断发展，促进了动态图形设计应用领域的扩张。

动态图形设计常出现于标识设计、多媒体界面互动设计、电影片头设计、电视品牌包装设计、网络视频设计、电视广告设计、音乐电视和空间展示视频设计等设计领域。人们在苹果公司的新产品发布会、手机 APP 界面、游戏宣传、影视片头等都可以看到动态图形的影子。

Adobe After Effects(以下简称 AE)，是 Adobe 公司推出的一款图形视频处理软件，其良好的操作界面及强大的功能受到视频创作者的喜爱。AE 可以处理视频、图片，并为其增加特效，AE 还有大量制作动态图形的插件及脚本，因此成为动态图形创作的不二选择。特别是应用 AE 制作人物动态效果，可以做到如"MAYA"等三维软件 K 动画的效果，即为绘制好的角色绑定骨骼，并通过调整骨骼来制作动画(只需要绘制一张角色图，便可表现角色的很多动作)，这无疑大大提高了工作效率。

学习 AE 时，可能都有过"学了很多命令和技术，却不知道怎么用"的困惑。要创作一个动态图形设计的优秀作品，既要掌握一定的技术，又要有极好的创意能力。本书一方面通过具体的案例制作，讲解 AE 的"技术"(更多地讲解技术的原理、思考步骤)；另一方面通过案例的制作，讲解创意的思路和方法。课后有该技术及知识点的进阶案例，最终希望通过技术与创意的练习，提高我们的技术和创意能力。

本书包含市面上大部分的动态图形作品所涉及的技术。可以说，跟着本书做完所有的案例，如果大家能做到举一反三，便能完成大部分客户交给的动态图形设计业务。

　　本书主要由张香玉、辛志亮编写，此外参与编写的人员有曾维佳、王传霞、彭浩、曹陆军。感谢我们的家人在此书编写过程中给予的无私关爱。感谢华南理工大学出版社蔡亚兰编辑、张颖编辑的帮助。由于水平有限，书中难免有疏漏之处，希望广大读者批评指正。如有问题可随时联系我们（E-mail：879133625@ qq. com）。

编　者

2017 年 4 月

目　录

After Effects 动态图形设计

第一部分　初识动态图形

　　本部分主要介绍动态图形设计的发展历程及应用范围，简要介绍 AE 软件的界面及应用范围。

1　动态图形设计简介

　　在动态图形设计中，视觉信息的表现形式以动态为核心元素，以视觉信号为基础，汇集时间性，并融合形象、文字和场景，使其相互转换成为符号化语言，从而演变成具有视觉冲击力的整体形象，如图1-1、图1-2所示。从全球著名电影制作巨头——20世纪福克斯电影公司与迪士尼电影公司的片头动画不难看出，它不仅引发了强大的视觉信息流，而且将品牌与文化信息精准有力地呈现了出来。步入动态图形设计营造的影像世界，惊叹其生动的色彩和韵律，惊讶其闪耀光芒的技术之美，品味其精致绝妙的形式美感，这一切都沉浸在美感之中。动态图形设计在今天可以被广泛应用，近年在各行业持续不断地推广，离不开设计师的付出，以及大量的青年创作群体加入到这类设计中。其实，动态图形设计应用多元而宽泛，也与从业者的关注度有紧密关联。动态图形设计属于一个交叉学科，学术界对其定义还模糊不清，不管是在动态图形设计的推动上，还是在多媒体艺术专业的范畴内，总给人带来技术需求上的误解。虽然技术在动态图形的设计中占有比较重要的地位，但是，一味地关注技术层面的表达，而忽略设计创意和信息的有效传达，也会使动态图形设计陷入技术的泥潭。因此，我们要思考如何从易于理解的层面去推动动态图形的设计，比如，随着数字技术的发展，各种设计应用的操作成本增加，我们可以在一台手机上轻松地创造图形，再将其动态化，使得我们每一个人都可以成为个性化动态图形创作者，享受动态设计所带来的生动和满足。

图1-1　20世纪福克斯电影公司片头动画　　　　图1-2　迪士尼电影公司片头动画之一

　　动态的视觉本身需要注重信息传达，注重视觉体验和情感体验，让设计之美影响我们的视觉，进而影响我们的情感，体悟隐藏在视觉背后的文化观念，最终让观者进入良性循环的视觉信息认知过程中。动态图形设计将作为更好的现代媒介手段，服务于现代社会艺术与生活。

1.1 动态图形设计发展的脉络

　　动态图形设计源于人们对于运动状态的喜爱，这也引起人们对如何表现运动持续保有好奇心。考古资料显示，在法国的卢卡斯和西班牙史前时期的洞穴中以描绘多只脚的动物来展示运动进行的状态。在埃及的壁画装饰中，也能发现类似运动过程的展示。随着人类文明进程的推进，17 世纪活动的绘画投影即幻灯逐步普及，尤其是 18 世纪那些具有有趣名字的器械，如图 1-3 所示，当时在比利时出现过的诡盘（phenakistoscope）、幻影转盘（thaumatrope）、全景观看（panoramic view）等，都是人类自主创造的各种活动影像。虽然其出发点大多是玩具或表演项目，但这些画面展示的一幅幅风景或活动事物给当时的观者提供了新的体验。到了 19 世纪，科技出现，并迅速繁荣，欧洲的两位摄影师开始将摄影、活动器械、幻灯融合到一起；现代主义的艺术家们也尝试用几何的、空间的、抽象的形式去探索图形的运动；这些具有科学探索和艺术表现的尝试充分体现了人们对表现运动物体的强烈欲望，也满足了人们对机械发明和工业文明的好奇。

图 1-3　18 世纪比利时诡盘

图 1-4　乔治·伊斯曼（左）与托马斯·爱迪生
在摄影机前的合影

　　1891 年，发明家托马斯·爱迪生借助乔治·伊斯曼研发的软胶卷，发明了首款电影摄影机。这在当时引起轩然大波，并促使影像进入商业领域，于是在人们的生活中，出现了大量的活动电影窥视镜，用来播放循环画片，以及长度为几分钟的胶片电影。图 1-4 为 1928 年乔治·伊斯曼与托马斯·爱迪生在摄影机前的合影。到了 20 世纪 20 年代至 50 年代之间，大量的电影院和有声电影取悦了观众，增加了票房。此时，由电影海报延伸出来的电影片头设计开始出现在人们的视线中，建立了一种新的平面设计形式"motion graphic"，这是最早出现的对于动态图形的记录。虽然它被应用于电影中，但还是被认为是平面设计的一种形式。

20世纪60年代，设计师弗里兹·弗里伦(Friz Freleng)开始发展卡通电影片头《粉红豹》的设计，如图1-5所示，这个设计很快就流行并成为大众文化的代表；如图1-6所示，美国设计师莫里斯·宾得(Maurice Binder)为007系列的首部电影《诺博士》设计的电影片头，这个以左轮枪枪管拍摄的小节与传统电影的电影片头完全不同，这种形式开创了作为电影片头系列的序幕小节，并使之成为007系列的典型形象，出现在每一部007系列电影中；特瑞·吉列姆(Terry

图1-5　卡通电影片头《粉红豹》形象

Gilliam)在电影《巨蟒与圣杯》中所设计的具有奇异视觉效果的精短动画和令人疑惑的镜头运用也使电影片头设计出现一种新的形式，如图1-7所示。与此同时，第一个有关电视品牌包装的设计也诞生了，电影特效先锋道格拉斯·特鲁姆布(Douglas Trumbull)为其制作了具有品牌效应的ABC电视台的电视栏目包装设计，这个事件深刻影响了电视传媒领域。

图1-6　《诺博士》电影片头

图1-7　电影《巨蟒与圣杯》剧照(英国，1975年)

总之，动态图形从电影片头设计开始，随后发展到电视品牌包装设计中，同时也随着计算机和网络的发展，将其应用于网络推广的视频中。此外，动态图形具有的视觉效果和信息表现，又使得它可以广泛应用于公共空间的展示活动中。

动态图形设计的英文为Motion Graphic，采用了直译的方式，这是因为：其一是来自平面的电影海报设计，如图1-8所示；其二是动态图形设计的重中之重为动态，且Graphic的最初直译也为"图形"；其三是为了能够与国内设计教育系统中对于数字媒体专业中所提到的"动态图形设计"保持一致，并被更多的人认识和了解。

图1-8　国外电影海报

1.2　动态图形设计应用领域

艺术设计的形式总是与社会的发展同步，随着人们对社会文化和科技的不断追求，动态图形设计与社会生活中各行业的关系也日渐紧密。

人类的精神文化生活是与物质条件相联系的。随着计算机的推广和各种技术的普及，人们接触动态媒体的机会大大增加，尤其在城市化迅速扩张的中国，各种书籍杂志、电子商务、网络游戏、交互体验、个人媒体终端设备等的不断发展，促进了动态图形设计应用领域的扩展。同时，科技手段的不断革新换代，新的动态媒体传播成本也不断降低。此外，社会信息的传递方式发展反作用于设计本身，动态图形设计的广泛应用，也标志着社会信息传递方式的发展。与静态图形设计相比，动态图形设计能从视觉

和听觉两个方面全方位刺激目标受众的感官，从传播力度上来说，更具强制性。例如，今天很多街头商业广告中，都大量采用 LED 形式的动态图形。这些基于技术手段的新型广告对吸引注意力都起到了很好的效果。图 1－9 所示的是在商业繁荣的国际化大都市香港的街头巷尾随处可见的广告牌。动态图形设计的发展促进了传统图形设计观念的发展。随着

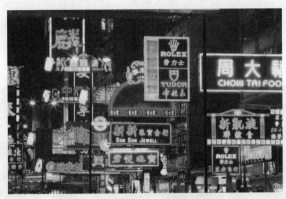

图 1－9　香港街头的灯光广告

动态媒体在人们日常生活中的广泛应用，人们摄取图像信息的方式开始有所变化，并反过来影响设计。以 1984 年洛杉矶奥运会、1988 年汉城奥运会以及 2000 年汉诺威世博会会徽标志为例，如图 1－10、图 1－11 所示，设计师们选取了动态运动过程中的一个瞬间，在扩大了动态图形设计范围的同时，也改变了静态图形设计的思想脉络。

图 1－10　汉城奥运会会徽（1988 年）

图 1－11　汉诺威世博会会徽（2000 年）

动态图形设计根据媒介的物质存在形式可分为：标识设计、多媒体界面互动设计、电影片头设计、电视品牌包装设计、网络视频设计、电视广告设计、音乐电视和空间展示视频设计等。

1.2.1　动态标志的互动性

动态标志作为一种动态的视觉形象，是具有互动性的。运动这种状态可以是由事物主动呈现的，也可以是被动地由其他事物引起的，如汽车有燃油才能行驶运动。而动态标志的互动性则是标志图形与人、与数字科技之间的互动，它的"动"是由其他事物而引起的。而人作为信息的接受者，把动态标志的互动性分为了两种，一种是要求接受者做一些"互动"的事情，例如用鼠标指向或移动某些图形，通过这样的动作，使接受者可以主动选择和获取信息。另一种是利用程序编写数字技术和网络媒体的合作应用，打破传统的思维方式，遵循数字规律进行图形信息的转化。在第一种互动过程中，动态标志的"动效"是人主动参与而发生的，第二种则是动态标志的创造者通过数字科技在循环的时间维度中设定好的"动效"，是主动呈现的信息。动态标志的这种互动性对于网络时代下的品牌发展而言是具有一定意义与价值的。首先，动态标志的互动性消除大量网络品牌信息给人们带来的视觉疲劳感，吸引受众注意；其次，对于动态标志设计本身而言，在众多的网络品牌中形成个性鲜明的品牌识别效果，如图 1-12 所示的 QQ 网络表情设计，即时通信工具腾讯 QQ 几乎改变了青年人的交流方式。对于品牌商业发展而言，消费者参与品牌信息的输入与输出，为品牌增加了无形的附加价值。

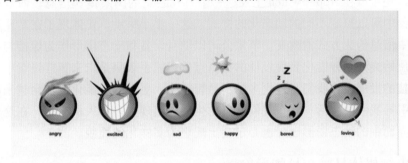

图 1-12　QQ 网络表情

1.2.2　多媒体交互界面

在界面设计中，动态图形设计的过程是将信息图形化的过程，是融合了时间和空间的设计，视觉信息认知过程也同样具备时间和空间的特性。动态图形设计本身就是在有限的空间中记录时间，本质上是将物体的运动记录下来，并在一段时间中划分出不同的位置，通过位置的变化来表现时间。动态图形设计通过交互界面，使用户获得一种虚拟的体验，如图 1-13 所示，车载导航的界面设计，提升了视觉感染力，让我们在这虚拟的空间中实现互动。随着科学家的探索，我们尝试着寻求更大的屏幕去突破二维空间的设计，通过 3D 技术的应用，增强动态图形设计所带来的视觉震撼，比如一些艺术家利用建筑物本身的结构作为屏幕，运用动态图形设计和先进的 4D 投影技术创造一个全新的虚拟空间，使我们不仅能从视觉上看到这些图形，还能参与其中，增强互动性。

图 1 – 13　车载导航的界面　　　　图 1 – 14　Apple Watch 界面中的动态图案展示

在我们常见的界面交互中，并不是在界面中展现一个动态图形，大量的动态是需要通过程序代码来完成的，通过这样的实现方式，能够带来更加流畅的交互体验，所以我们需要在视觉体验和操作体验中追求一个平衡点。动态图形设计依附于互联网，正迅速普及。从电脑到手机，再到未来的智能终端，这些载体的转移决定着动态图形未来的发展。如图 1 – 14 所示，苹果公司近年发布了全球首款智能手表 Apple Watch，其交互设计加入一个基于手表屏幕的图案传输功能，这让人与人的沟通除了习惯性的文字和图形形式之外，还可以在 Apple Watch 上发送一个自我绘制的图案传递信息，而且在这类图形呈现过程中可以拟定不同的动态化的样式。这一小小举动，正体现了在基于互联网的产品设计中信息传达方式的改变。苹果公司以随身设备和动态图形作为嫁接与延展，让其品牌地位始终处在智能化界面设计的制高点。智能手表只是未来智能终端中一个小的类别，科技的发展会将我们身边更多的产品智能化，更多的智能化设备会越来越广泛地影响甚至引导我们的生活，会在我们的日常生活中出现更多的人机交互。在这样多元的环境下，界面中的动态图形设计也必定会出现更为多样化的面貌。

1.2.3　电视媒体品牌与品牌形象

所谓电视媒体包装，主要指的是动态的视觉化制作，根据电视媒体所属的各个栏目和节目自身的内容和特点，使用多种特色鲜明、对观众有吸引力的表现形式，对电视频道、栏目、节目等进行介绍和宣传，一般包括片头、片尾、片花等组成部分。电视媒体包装是对电视栏目的形象和理念进行强化的一种方式，是电视节目的外在形式与表现。在市场经济环境下，包装对产品在市场中的地位起着至关重要的作用。随着电视媒体产业的市场化，电视媒体也开始逐渐遵循市场规律，对节目进行包装，以在市场上获得竞争优势。电视媒体包装对媒体的形象塑造起到至关重要的作用，优秀的电视媒体包装可以有效吸引观众的注意，甚至比节目内容更容易在观众脑海中留下印象。近年来各大电视媒体都开始对栏目进行改版，通过在包装上推陈出新吸引观众，这更体现了电视媒体包装的重要意义。图 1 –15 所示为著名香港电视媒体凤凰卫视的台标，灵动巧妙的视觉设计令人印象深刻。

在市场经济环境下，品牌和品牌形象承载的是消费者对产品或服务的认可，是销售者与消费者互相磨合之后形成的产物。如果将电视媒体和电视节目看作一种商品，那么电视媒体品牌就是该产品的标志，可以为栏目增添附加价值。而品牌形象是观众对该电视媒体与节目的印象，会对观众的选择产生很大影响。

图 1-15　凤凰卫视台标(香港)

因此，对电视媒体来说，塑造品牌、树立品牌形象是提升媒体价值的重要环节。随着媒体之间的竞争日益激烈，栏目和频道如何有效吸引观众，与其他电视产品形成差异化竞争，在大量的节目中凸显自身优势，品牌理念与品牌意识对此至关重要。建立优质电视栏目品牌，除了提高节目质量，迎合观众观看需求外，还需要精细的品牌包装。制作精良的片头、片花、片尾是节目包装的重要组成部分，是扩大电视媒体品牌影响力的重要途径。例如，图 1-16 所示的湖南卫视著名品牌综艺栏目《天天向上》的新版栏目片头，其良好的包装可以起到先行吸引观众的目的，并且在其中渗透节目品牌理念。

图 1-16　湖南卫视综艺栏目《天天向上》片头(2016 年)

1.2.4　影视广告中的动态图形

影视广告是一种经由屏幕传播的视频广告形式，除了传统的电视、电影之外，更是通过互联网扩大了其覆盖面，它通常用来宣传某一商品、服务、组织、概念等，大致分为商业性和公益性两类。影视广告发展至今，从家用清洁剂、农产品、快递服务，甚至到政治活动都出现在电视或电影中，商品形式日益多样，广告无处不在。然而，当我们进入影视广告铺天盖地的时代，我们对广告的攻势也越来越具有抵抗力，甚至被训练到对一般的广告视若无睹、充耳不闻的地步。因此，要使影视广告取得良好的预期效果，就要在创意、表演、音响、画面等各个方面施以独特而富有魅力的手段，营造气氛，使观众在理念与视觉方面产生新的刺激，留下难忘的印象。而动态图形这一形式，可以利用动画及电脑特效来表现一般实际拍摄无法实现的内容，允许创意者进行天马行空的前期设想，利用二维或三维动画手段实现任何形象、背景等画面效果，并综合运用平面设计、影视、音乐创作的原理与理论，创作出既符合产品诉求又具有强烈视觉和听觉冲击力的影视广告。近年来，电视媒体荧幕播出大量此类风格的公益广告，给观众留下了深刻印象。

1.2.5 动态图形在空间和展示中的应用

空间和展示设计是在一定的空间和时间内，运用艺术手法传达信息的过程，内容涉及很多相关设计学科的知识和理念，如环境艺术、视觉传达、舞台美术、工业设计、展示陈列、多媒体设计、建筑设计、广告创意等。目前，由于动态图形可以以多媒体的形式为虚拟环境带来更加丰富的感官体验，它已被广泛应用在大型固定展示空间与商业展示中，如展览馆、博物馆空间和展示，如图 1－17 所示，北京故宫博物院官方网站的虚拟游览参观系统、服装展示、汽车展示等场所或活动，通常会巧妙地运用幻灯、全息摄影、激光、录像、电影、虚拟现实等技术，通过动态图形营造强烈的视觉冲击力和听觉感染力，再加上新媒体技术营造的触觉激发活力、增加味觉、嗅觉刺激感等，赋予整个静态空间或单项展品动态化的效果，让观众沉浸在生动活泼、感官层次丰富、流畅惊艳的展示气氛中，增强观众对展品或空间的记忆。

图 1－17　北京故宫博物院的虚拟系统

1.2.6 音乐视频(music video，MV)中的动态图形

MV 是视觉文化的一种，是建立在音乐、歌曲结构上的流动视觉艺术，将抽象的歌曲配以可视的相对应的画面，使原本只是听觉艺术的歌曲，转化为视觉和听觉相结合的一种崭新的艺术样式。MV 自产生以来，作为先锋潮流的形象出现在大众视野中。很多创作者在 MV 中充分挖掘动态图形的想象性和视觉冲击力。视觉艺术感强烈的动态图形，通常能在经验丰富的歌手的 MV 中得到充分的发挥。例如，如图 1-18 所示，来自北欧冰岛的精灵比约克，被誉为"流行音乐圈中音域最为宽广"的歌手之一，她一直致力于创作艺术和实验性强的音乐来跟主流音乐抗争。因此，她的 MV 中有大量充满奇思妙想、视觉冲击与哲学内涵兼备的动态图形精品，这其中的动态图形变成一种符号化的视觉语言，表现强烈而抽象。

图 1-18 比约克 MV 拍摄花絮

1.3 动态图形设计与国际外包

自然界中的运动变化万千，动态设计的运动也是基于对自然界中的运动进行"记录"—"模仿"—"再创造"，才得以产生和发展。影像的动态就是"记录"，影视作品实际上是通过摄像器械记录动态的过程；动画的动态则是一种"模仿"，还原自然中的动态，这和它通常以叙述型、写实型的面貌出现有关；而动态图形设计则很大程度上出现在"构成和组合"动态中，是一种再创造的过程。当然三者的界限没有那么严格，特别是在影视技术快速发展的情况下，这种界限越来越模糊，例如电视包装中大量的特效动态创作就超越了影像对动态"记录"到"创作"的界限。

动态图形设计对动态的设计是一种典型的"再创作"。以基础动态为构成要素，在一段时间内设置和组合这些基础动态，形成一组合理的动态，这与平面设计"构成"的概念如出一辙。

1.3.1 动态图形设计的表现形式

基于图形的动态表达，首先从以下三个方面着手考虑。

（1）符号表现。图形、动态和时间作为动态图形的三个组成部分，构成了动态图形理论的主体。将视觉符号通过动态的方式分布在时间线上，动态图形作品才有了最基本的承载内容，视觉符号设计也就是画面表现，包括色彩、构图、布局等要素，这些要素可以将设计师的内容呈现和情感表达以最直观的形式表现出来，图形设计在动态图形的风格上起到了很重要的作用，其符号设计、排版方式等均遵循视觉传达设计原则。图1-19所示的为上海东方卫视台标动画设计图。

图1-19 上海东方卫视台标动画设计图

（2）动态感知。动态设计是动态图形作品中最生动的部分，如果没有动态，动态图形的表现形式就变成了"静帧"——一幅静止不动的画面；有了动态，才有了动态图形设计独有的艺术魅力。动态设计在动态图形中代表着位移、缩放、旋转、变形等动态形式，将图形符号在时间上的变化串联起来。动态设计形式丰富多样，可以在图形表达的基础上增添趣味，烘托气氛。从观者的角度来看，将图形经过动态设计，可以进一步扩大感知，引起情感共鸣。图1-20、图1-21为湖南卫视某些栏目的包装。

图1-20 湖南卫视栏目包装设计之一（2016年） 图1-21 湖南卫视栏目包装设计之二（2016年）

（3）时间传达。时间设计是动态图形设计的基础，如果没有时间节奏的变化，作品就索然无味。在动态变化上，律动、加减速、频率等构成了时间的变化形式；蒙太奇、剪辑和真实时间的发生、发展、结束构成了时间的信息传达。观者通过时间节奏上的变化，能更进一步体会作品传达的情感。符号表现、动态感知、时间传达是动态图形设计的三大要素，缺一不可，并相互影响。

图形运动如果没有想要表达的内容和叙述的对象，就不能称之为动态图形设计，充其量只是动态图形技术实验。一旦图形因为要承载传达信息而发生了形态上的变化，运动形式也因为要承载实在的信息内容而发生轨迹或节奏上的变化，图形运动就有了设计，称之为动态图形设计。图形的形态和运动的形式都必须承载传递主题信息，所以动态图形设计必须具备艺术化、故事化、大众化的特征。

第一，动态图形设计表现的艺术化。在电视包装影响下，其表现形式必然是艺术化的，电视包装绝大多数的工作是提炼，例如，片头是对节目主旨的提炼，频道标语是对频道理念的提炼，预告片是对节目内容的提炼。作为电视包装的表现形式，动态图形设计必须具备内容和形式上的艺术性。

第二，动态图形设计内容的故事化。故事情节是影视化的一个重要特征，动态图形设计内容一旦有了情节，这段动态图形设计就必然是影视化的。如图 1 - 22 所示，这条电视广告 *Dietbet* 是一个纯粹的动态图形设计作品。这部片子讲述了贪食发胖的过程，而后表现了传统健身和服用减肥药等手段的痛苦和难以坚持，最后推介赌博节食的应用程序，利用减肥重量来和朋友对赌。用金钱来约束，用成就感来激发减肥的信心，最终使人能减肥成功。在这部片子中，用基本的图形构造了各种元素——人物、盘子、药品、蛋糕等，再利用这些图形元素的动态组合来讲述自己的故事。从起因——贪食发胖，到过程——减肥困难，再到转折——赌博减肥，最后到结果——成功减肥，故事的起承转合一应俱全。没有一个剪辑师，只运用图形的运动剪辑就能对故事进行生动的诠释，这个案例充分说明了动态图形设计具有故事化的特征。

图 1 - 22　电视广告 *Dietbet*（图片来源于网络）

第三，动态图形设计接受的大众化。动态图形设计本身就更加侧重视觉信息传达，全球有数十亿的电视用户，电视是最普及的大众媒介平台之一，生活中也是最普遍、覆盖最广的娱乐消遣方式。各频道栏目的电视栏目片头，或频道导视系统，或电视广告，只要设计符合逻辑，大众都能接受其传递的信息。因此，动态图形设计作为电视包装的表现手法在大众接受上是具有普遍性的，是大众化的。

1.3.2　动态图形设计的服务外包

服务外包业务，也称资源外包，是指企业识别并整合自身的核心业务，剥离非核心业务，并利用其外部企业的专业化资源，进行非核心业务的外移，从而提高效益，降低成本，增强自身核心竞争力，提高企业应变能力的一种经营管理模式。在竞争日益激烈的国际市场中，现代企业越来越趋向于发展外包业务增强自身的竞争力。经济的全球化和专业分工的标准化，促使企业将其非核心业务外包给合作企业完成，从而获得比单纯的内部生产更多的竞争优势。美国学者普拉哈拉德和哈默尔在《企业核心能力》中正式提出外包业务概念，即基于现代的市场化经营，企业合理地进行外包业务，能够集中力量开发自己的核心业务，实现企业资源的优化配置。图1－23所示的为外包资源构架图。

图1－23　外包资源构架图

目前，动态图形设计外包业务的开展大都依靠网络平台。对大多数外包网站或平台而言，它的交易模式主要有两种：一是单人或者单项的外包。包括自由职业者、小型工作室或在校大学生，都可以通过专业的网站接收简单的单项外包业务。相对而言，其技术门槛较低、时间较短、想法也相对自由，可以自己安排时间创作。二是大型的外包。大型的动态图形外包业务不是单个人就可以完成的，需要专业的市场化运作模式。例如，北京腾讯创业基地(图1－24)，主要是以工作室或企业为主体，结合优秀的动画或美术专业团队、一流的动态设计制作设备和技术软件，建立了一套高质量、高效率的模式。复杂的外包业务是对企业或工作室的规模、人才、管理、经验等要素的综合考核，这些都是进行外包业务的基础。相对单人外包而言，大型的外包业务对时间要求比较精准、计划性较强，同时对项目的质量要求高，工作流程和任务文件都会有严格的格式标准，这也决定了公司的业务运作模式要有效率，对业务的风险和技术难度要有充分的把握，同时，对最终的任务标准也要进行仔细揣摩和学习。

图1－24　北京腾讯创业基地(图片来源于网络)

2 初识 AE

After Effects(简称 AE)。图 2 – 1 所示的 AE 是 Adobe 公司推出的一款图形视频处理软件，适用于从事设计和视频特技的机构，包括电视台、动画制作公司、个人后期制作工作室以及多媒体工作室，属于"层"类型后期软件。它可以帮助用户高效且精确地创建无数引人注目的动态图形和震撼人心的视觉效果。它能与其他 Adobe 软件(如 Premiere Pro、Photoshop 等软件)无缝相接，而且有数百种预设的效果和动画，大量用户为 AE 量身定做的插件和模板，大大提高了电影、视频、动画等的制作效率。

图 2 – 1　After Effects 软件

在较新的版本中，AE 增强了 3D 渲染、团队协作等方面功能，这里主要介绍一些制作动态图形(motion graphic，MG)时较为常用的功能。

AE 运用 Cinema 4D 新的 3D 渲染引擎，改善 CPU 的渲染性能并能直接在 AE 中制作立体文字和形状图层等元素。

制作团队或个人可用 Creative Cloud 应用程序进行实时协作与共享。不同地区的团队协作时，可以使用已设定的色彩参考及文件结构等创建项目模板，并上传到 Creative Cloud 文件夹中共享，那么团队中的其他人员便能共享这一相同的页面，成员们可以随时随地存取，并不需要团队增加任何硬件或其他插件。这个功能大大提高了工作效率。

Character Animator 增强功能。在 Photoshop 和 Illustrator 中对木偶进行变更，然后再利用提升的 Character Animator 性能来加快更新。通过动态链接在 Character Animator、AE 和 Premiere Pro 之间轻松切换。

2.1 用户界面

　　运行 AE 时，会出现如图 2 – 2 所示的界面。这里提供了一些最近使用项与新建项目等快捷方式，点击"新建合成"，或"打开项目"进入 AE 用户界面。用户界面由菜单栏、工具栏、项目面板、合成面板、时间轴面板与选择面板依靠区组成，如图 2 – 3 所示。这是标准的用户界面，我们可以根据不同的工作习惯或项目性质设置个人喜欢的界面。

图 2 – 2　启动界面

图 2 – 3　标准用户界面

2.1.1 工作区介绍

(1)菜单栏。AE 的大部分操作都可以通过菜单命令来实现，如图 2-4 所示。部分使用频繁的菜单栏内容也可通过在项目工作区点击鼠标右键出现。

| 文件(F) 编辑(E) 合成(C) 图层(L) 效果(T) 动画(A) 视图(V) 窗口 帮助(H) |

图 2-4 菜单栏

(2)工具栏。提供选择对象、旋转、移动对象等多种工具，如图 2-5 所示。其中在 MG 动画中使用频率最多的便是钢笔和形状以及大头针工具。

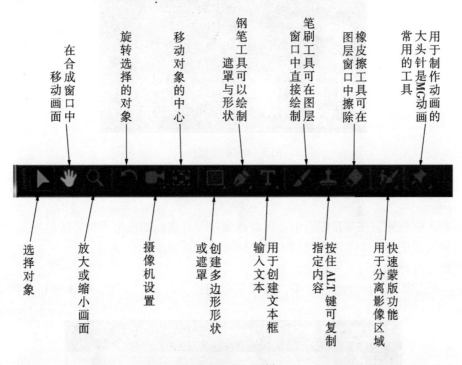

图 2-5 工具栏

(3)项目面板。在这里可以存放制作项目的图片、视频等素材，如图 2-6 所示(图中标识的编号，有相对应的文字说明)。

①在项目窗口中，单击相应的文件，会显示素材的缩略图与信息。如图 2-6 所示，在①部分，可以看到"SONY"这个素材的全称、大小，以及时间与帧速率、声音等信息。

②所有素材与合成的列表，这里可以看到素材的名称与类型、大小、帧速率等信息。

③解释素材，从导入的素材中，根据输入的关键字，查找指定的文件。当导入大量的素材文件时，可用这个功能快速地找到想要的素材。

④新建文件夹，单击此按钮，在项目窗口中可新建一个文件夹，用于整理素材文

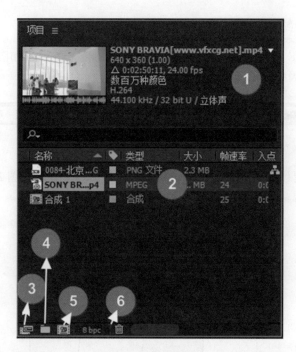

图 2-6　项目面板

件。用 AE 来做项目，有时候会有成百上千的素材或图层，用文件夹分类，便于素材的管理。

⑤单击该按钮，在项目窗口中，可以新建一个合成。如选中素材，按鼠标拖动到该按钮，则可以创建一个与该素材同大小、同格式的新合成。

⑥删除选择的素材文件或文件夹。

（4）合成窗口。在合成窗口中，可预览时间轴上的合成影像，具体分析如图 2-7所示。

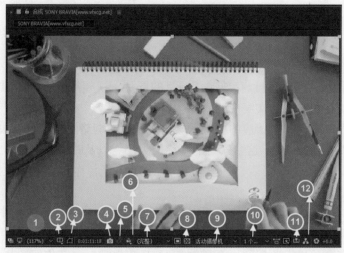

图 2-7　合成窗口

①合成窗口的比例。图中117%表示现在显示的是合成的1.17倍,在实际项目制作中,常常需要缩小看全局,放大以便观看细节,这时可用快捷键",""."进行快速操作。

②选择网格和参考线选项。在工作窗口中显示或隐藏网格与参考线。点击其右下角的小三角,可出现下拉菜单,点击可取消或者选择在窗口中显示,如图2-8所示。

图2-8 网格和参考线

图2-9 显示通道及色彩管理设置

③切换蒙版和路径可见性。有时候我们在编辑蒙版的时候需要让它可见,编辑后,如果觉得黄色的蒙版线看着不舒服,点击这里可切换蒙版隐藏或显示。

④拍摄快照。拍摄当前画面,作为快照。

⑤显示快照。用于比较当前图像与快照图像。单击并按下按钮,将显示最后一张用拍摄快照拍摄的快照,这样我们能直观地看到对比效果。

⑥显示通道及色彩管理设置。分别用于查看红、绿、蓝等通道。点击下拉可直接选择要观察的通道及设置项目工作空间,如图2-9所示。

⑦设置合成窗口的显示分辨率。分别有全部、二分之一、四分之一等,做项目时,为了加快预览速度,常常切换这个数值,值得注意的是,这里只是预览,不影响最后合成的效果。

⑧切换透明网格。背景一般默认为黑色,因此有时候图层是透明的(带有Alpha通道),我们仍能看到黑色的背景,点击此按钮便能知晓是否带有Alpha通道。

⑨3D视图弹出式菜单。默认值为活动摄像机,在处理3D图层时,能通过所选摄像机的视图进行查看,如图2-10所示。

⑩视图布局。选择下拉里的视图布局,以便在合成窗口中观看其他视图,如图2-11所示。

⑪在当前显示的合成窗口的时间位置激活至时间线窗口中。

⑫在当前合成窗口中,显示流程图。

After Effects 动态图形设计

图 2 – 10　3D 视图弹出式菜单　　　　　图 2 – 11　视图布局

（5）时间线面板（图 2 – 12）。

①显示当前时间指示器所在的位置。按住"Ctrl"键可改变显示样式。

②合成微型流程图。当选择图层时，单击该图标，转到包含当前合成的父级合成中。

图 2 – 12　时间线面板

③用于隐藏所选择的图层。有时候时间线上有上百个图层，给制作带来一些困扰，此时我们便可把暂时不需要处理的图层隐藏起来。

④帧混合。向开始帧混合的图层应用混合的功能，常用于动态影像中，使影像的移动更柔和。

⑤运动模糊。打开此项，会给有运动的元素带来运动模糊的效果。

⑥曲线编辑器。点击这里让时间线变成图形编辑器，对关键帧的运动曲线进行编辑。

⑦⑧⑨展开折叠图层开关，点击这几个按钮可以让图层的一些属性折叠或展开。

⑩缩小时间线窗口。

⑪滑块往左移动可缩小时间线窗口，往右移动可放大时间线窗口，最大可看到一"帧"。

2.1.2　定制工作区

AE 根据用户不同的操作习惯和项目特点，预设了不同的工作区界面让用户进行选择，如图 2 – 13 所示。在菜单窗口工作区有小屏幕、绘画等工作区的设置。这些预设能满足大部分项目和用户的需要，如要制定更个性的界面，则要把面板拖到另一个面板的位置。

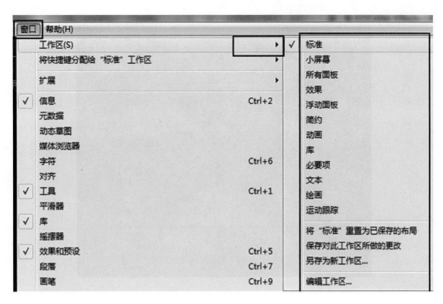

图 2 – 13　工作区界面

2.2　项目创建与编辑

启动 AE 后，软件便会自动建立一个新的项目，也可以通过执行"文件"→"新建"→"新建项目"命令来实现，如图 2 – 14 所示。

图 2 – 14　新建项目

2.2.1　项目的基本设置

在项目制作前，需要对项目的一些常规性的工作内容进行设置。选择文件项目设置会出现项目设置面板。

1. 设置时间显示样式

时间显示样式选项（图 2 – 15）中，可以对项目所使用的时间基准和帧速率进行设置。

时间码：用于决定时间位置的基准，一般电影为 24 帧每秒，PAL 制式视频为 25 帧每秒，NTSC 制式视频则为 30 帧每秒。

帧数：时间线上显示具体帧数，不显示时间。若制作的影片长度低于 1 分钟，建议选择"帧"显示的方式，因为它在进行更精细的处理时会更有效率，比时间码更方便。

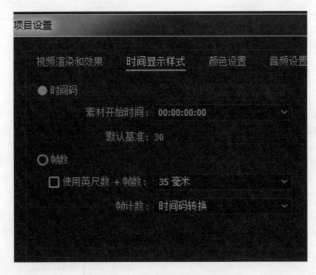

图 2 - 15   时间显示样式选项

2. 设置颜色

颜色设置选项(图 2 - 16)为素材或渲染队列的项目指定不同的色彩空间。如果指定的空间不同于工作空间,则色彩值将发生转变。

图 2 - 16   颜色设置选项

深度:表现颜色的深度,一般有每通道 8、16、32 位三种。所谓的"位"就是位深度。8 位通道就是 2 的 8 次方,即 256 的颜色阶级,16 位通道、32 位通道以此类推。这些位表示能够显示的黑和白,灰度以及彩色的色彩。8 位深(2 的 8 次方)意味着有 256 种灰度或彩色组合。16 位深(2 的 16 次方)能表现 65536 种可能的颜色组合。16 位通道比 8 位通道可以表达的颜色数量要多,实际情况是 16 位比 8 位能表现更细腻的色彩和明暗层次,如果将图片放大到一定比例,或者经更精密的仪器监测或设备输出,8 位和 16 位之间就能体现出明显的差异。

工作空间:AE 为我们预设了许多工作空间,每种工作空间在色彩特点上有所不同,在选择时会出现具体的说明文字。

3. 设置音频

音频设置选项(图2－17)用于设置当前项目中所有声音素材的声音质量。取样率越高文件越大,渲染也就越慢。一般而言,电视传播视频用22.50kHz即可,高保真立体声音频设置为44.1kHz即可满足要求。

图2－17　音频设置选项

2.2.2　导入素材

新建一个项目之后,便可将项目所需的素材导入项目面板。AE有多种导入素材的方式,可以在项目窗口中点击鼠标右键,也可在面板中双击便出现导入素材的对话面板,如图2－18所示。

AE支持PNG、JPEG、TGA等多种格式的图片素材(图2－19),当需要导入序列图片时,在序列选项下打钩即可;AE也支持多种视频格式;较高版本的AE还能导入C4D模型等文件。

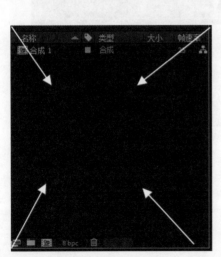

图2－18　项目窗口

图2－19　AE支持多种格式的素材

2.3　合成

要在 AE 里进行一些合成操作，必须先建立一个合成。合成以"时间"与"图层"方式进行工作。AE 可以创建多个图层，并可以将多个图层打包成一个合成，在另一个合成中以图层来使用。也就是说，每个合成独立工作，各个合成之间可以嵌套使用。

1. 新建合成

在 AE 里新建一个合成有多种方法，首先可以用快捷键"Ctrl + N"；可以在项目面板下点击"新建合成"图标（图 2 – 20）；可以在项目面板空白处点击右键，在出现菜单中选择"新建合成 ..."（图 2 – 21）；当需要建立的合成与素材一致时，可以按住鼠标左键不放，把素材拖到"新建合成"图标上，便会新建立一个和素材大小一样、属性（帧速率、像素宽高比、场等）一样的合成（图 2 – 22）。

图 2 – 20　建立合成 1

图 2 – 21　建立合成 2

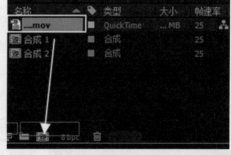

图 2 – 22　建立合成 3

2. 合成设置

新建合成时，会弹出合成设置窗口，在这里可以对合成进行一些设置。在图 2 – 23 所示界面中点击"预设"会出现最常用的视频尺寸，通过预设会满足我们大部分的工作需要，当然如果需要特殊的尺寸，还可以点击"自定义"自行设计尺寸。在图 2 – 23 所示的①处，可以修改合成的尺寸；在②处能修改帧速率，常用的是 24、25、29.97 这几个数值；在图中的③处，可以修改合成的持续时间。

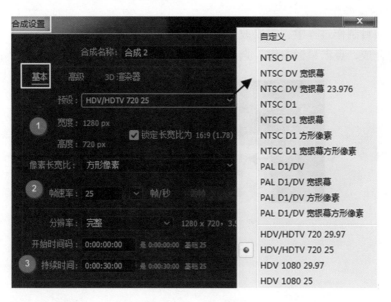

图 2 – 23　合成设置

　　像素长宽比，是指构成图像最小单位像素的比例，不同的银幕使用的比例是不一样的，因此要根据项目的要求去设定，一般而言，如用于电脑或互联网传播，一般我们会选择方形像素，如图 2 – 24 所示。

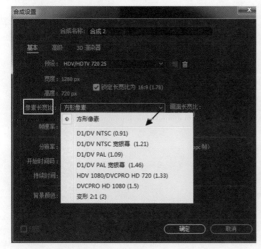

图 2 – 24　像素长宽比

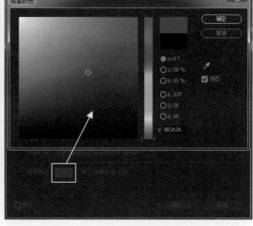

图 2 – 25　合成背景色

　　在合成设置面板中，默认合成背景为黑色，点击色块会拉出背景颜色面板，可选择想要的颜色，如图 2 – 25 所示。

3. 改变合成设置

如果在项目制作过程中，需要改变之前设置好的合成，只需要在合成窗口中，选择需要修改的合成，点击鼠标右键，选择"合成设置..."即可，如图 2 - 26 所示。

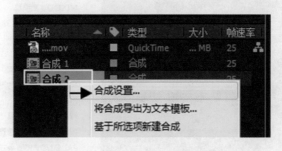

图 2 - 26　改变合成设置

第二部分 基本影像设计

3 用缩放制作一个场景动画

　　物体体积的放大和缩小，带来了面积和比例的变化，使得物体形态从点到面，从正空间到负空间都发生变化，改变画面的构成，这是做动态图形最常见的动画形式。

　　在一些动态影像中，场景元素会按一定的规律先后出现，从而增加场景的动感与趣味性。本案例中，我们用 AE 中最基础的缩放命令来制作一个场景动画，具体的效果如图 3-1 所示。

图 3-1　场景动画

1. 制作场景动画

　　首先绘制场景，用 Photoshop 绘制各个元素，分层放置，并给图层命好名，存为 PSD 格式文档，如图 3-2 所示。

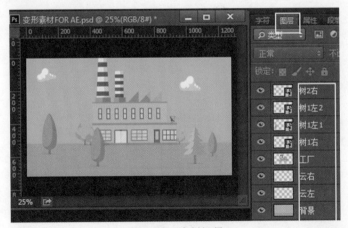

图 3-2　绘制场景

2. 将场景素材导入 AE 中

AE 和 Photoshop 都是 Adobe 家族的成员，它们之间相互连接非常顺畅，AE 能直接导入 PSD 格式的文档，并且承认 PSD 的分层。把之前绘制好的场景素材导到 AE 中，具体有三个步骤。

（1）在项目面板中点击鼠标右键，在出现的菜单中点击"导入"，选择"文件⋯"，如图 3－3 所示。

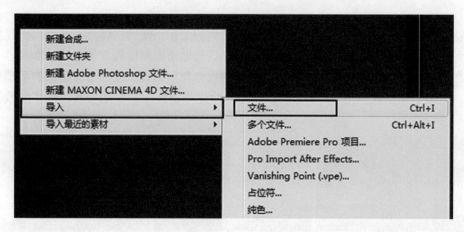

图 3－3　导入文件

（2）找到"变形素材 FOR AE"文件存放的路径，选择它时，"导入种类"处有三个选择，分别是"素材""合成－保持图层大小""合成"，如图 3－4 所示。这三个选择是有区别的。

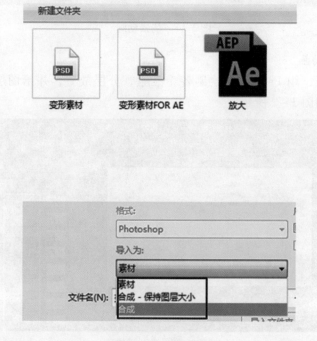

图 3－4　导入种类

素材：以素材形式导入，选择该选项后，弹出的对话框提示用户选择图层，或合并图层，如图 3-5 所示。也就是说，导入的素材相当于只能选择导入 PSD 格式文档的某一层或合并了图层的 PSD 格式文档。

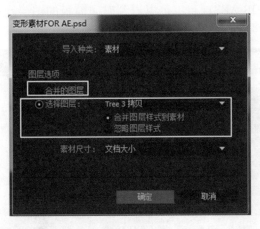

图 3-5　素材

合成-保持图层大小：以合成影像层形式导入文件，文件的每一个图层都作为合成影像的一个单独的图层，并且保持它们的原始尺寸不变。如图 3-6 所示，以此方式导入的素材，树的图层大小和它原来的大小一致。

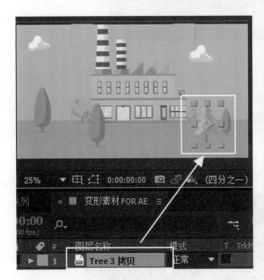

图 3-6　树图层大小不变

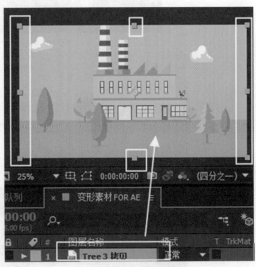

图 3-7　树图层大小与合成大小一致

合成：以合成影像形式导入文件，文件的每一个图层都作为合成影像的一个单独的图层，并且会改变图层的原始尺寸来匹配合成影像的大小。如图 3-7 所示，以此方式导入的素材，树的图层大小与合成的大小一致。

在此案例中，要对树、工厂建筑等单独进行放大的操作，因此选择以"合成-保持图层大小"的方式导入素材。

（3）在项目面板上，可以看到多了一个以 PSD 文件名命名的合成及文件夹，打开文件夹可看到 PSD 格式文档里的图层以文件形式全部存在于该文件夹中。

双击"变形素材 FOR AE"项目，可以看到时间面板的图层及项目窗口显示的效果，如图 3 – 8 所示。

图 3 – 8　"变形素材 FOR AE"项目

3. 制作背景出现的动画

在这个案例中，我们希望一开始是没有背景的，它是慢慢出现的，因此可以用不透明度的变化来达到这个目的。

（1）把当前时间指示器移动到 0 帧处，展开背景层的变换属性，点击"不透明度"旁边的"秒表"，便创立了一个关键帧，把数值改为 0，如图 3 – 9 所示。

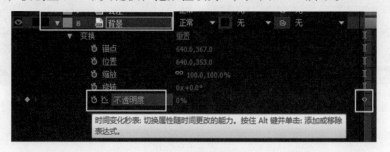

图 3 – 9　创建关键帧

（2）把当前时间指示器移动到 10 帧处，把不透明度的数值改为 100，便创立了第二个关键帧，如图 3 – 10 所示。AE 软件会自行生成不透明度为 0 ～ 100 的帧，便制作好了背景层在 10 帧内渐渐显现的效果。

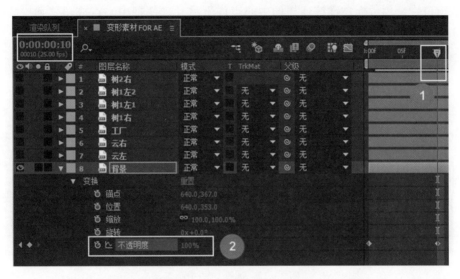

图 3-10　创建不透明度关键帧

4. 制作"树 1 左 2"由小到大的动画

制作这个效果的关键步骤是改变中心点与调整节奏。

(1)为了便于观察,把其他的图层暂时隐藏,即把图层前的"眼睛"关闭,这一点和 Photoshop 是一样的。因为场景是在 10 帧后才完全出现,因此要把这个图层往后拖 10 帧,也就是说让它 10 帧后再出现(按住位于时间轴右边的条往后拖),如图 3-11 所示。

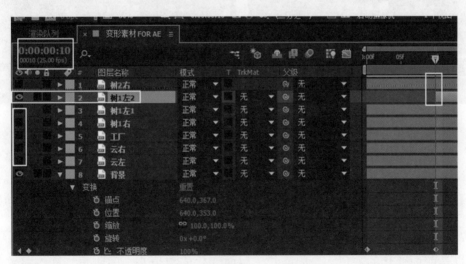

图 3-11　改变图形在时间轴的位置

(2)改变树的中心点。植物是由下向上生长的,在这里我们希望树的放大是以底部为中心点向上放大,模仿植物自然的生长规律。树默认的中心点并不是在底部,因此要手动把中心点移动到底部。

保证"树1左2"图层处于被选择的状态，在工具栏选择"向后平移（锚点）工具"；在合成窗口中，用鼠标左键按住树的中心点往下移动，便把中心点成功移到树的底部，如图3-12所示。

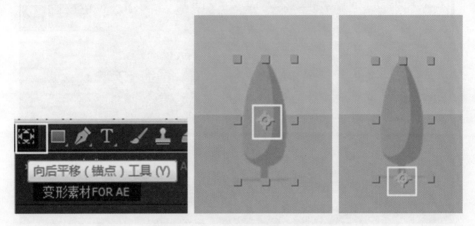

图3-12　改变树的中心点

（3）展开"树1左2"图层属性，点击"缩放"旁边的"秒表"，建立一个关键帧，并把右侧的数值改为(0，0%)，如图3-13所示。

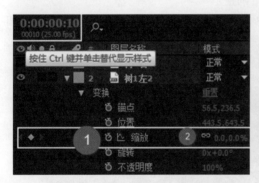

图3-13　10帧处缩放值

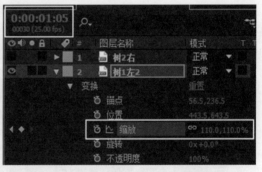

图3-14　1秒05帧处缩放值

（4）将时间指示器移动到1秒05帧处，把缩放值改为(110，110%)，如图3-14所示。为什么不是100%而是110%？因为在这里我们想做一个弹性动画。日常生活中，我们在弹一个橡皮筋时，它并不是马上停止，而是来回弹几下才会停止，许多运动也如此，因此做弹性运动会更有生气。

（5）由于力的作用，弹性动作的幅度会越来越小，回弹的间隔时间也越来越短，因此可以是前面变化的数值大、间隔长，后面变化的数值小、间隔短，具体参数如图3-15所示。

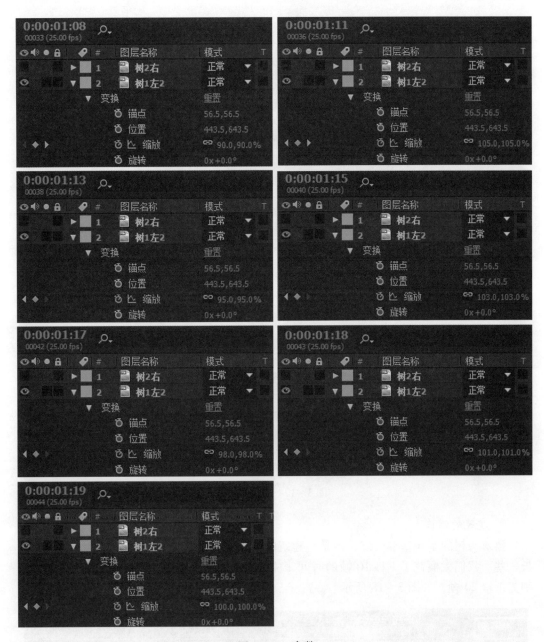

图 3 – 15　参数

（6）至此，树获得了比较生动的由底部变大，变大后再缩小，再缩小，反复回弹几次的效果，如图 3 – 16 所示。

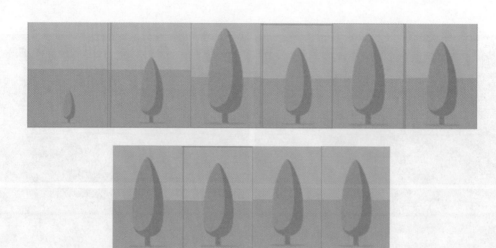

图 3 – 16　树的生长

5. 制作其他树

　　用上述方法制作其他树的效果，需要注意的是，树的出现有先后，但并非一棵树长成后，下一棵树才开始长，它们可以有重叠。也就是说，前一棵树长了 5 ～ 6 帧，下一棵树就可以开始长，这样做出来的动画比较丰富且自然。树的图层如图 3 – 17 所示。

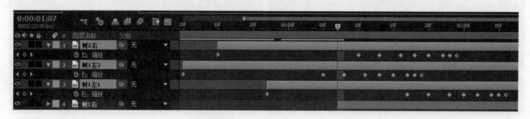

图 3 – 17　树的图层

6. 建筑的制作

　　建筑与树的制作基本一致，但是，建筑的体形比树要大得多，因此变化的时间会更长一些。我们大概花了 1 秒 10 帧的时间来完成树的变化，那么建筑的变化需要的时间则为 1 秒 20 帧，如图 3 – 18 所示。

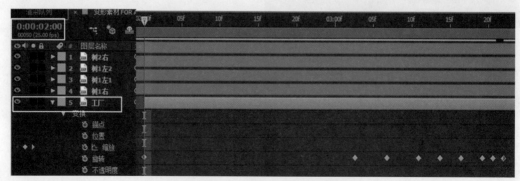

图 3 – 18　建筑变化需要的时间

7. 云的制作

可以让云在树全部出完的时候出现，注意两朵云不要同时出现，要有先后顺序。这里介绍一个快捷的方法，可以把树的关键帧复制给云层。

(1)框选要复制的关键帧，执行菜单中的"编辑"→"复制"命令，如图 3 – 19 所示。

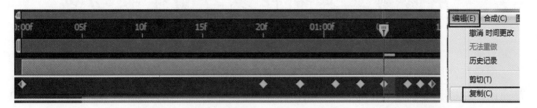

图 3 – 19　复制关键帧

(2)回到云层，把时间指示器移动到要开始变化的第一帧，然后执行菜单中的"编辑"→"粘贴"命令，如图 3 – 20 所示。

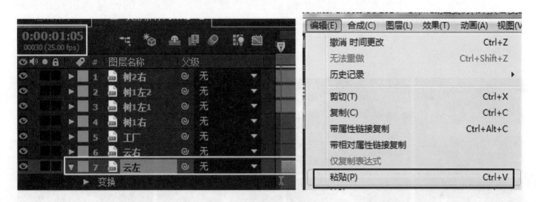

图 3 – 20　粘贴关键帧

8. 图层

最后的图层如图 3 – 21 所示。

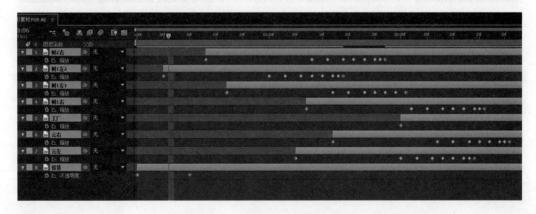

图 3 – 21　图层在时间线上的分布

4 用修剪工具制作线与面生长动画

用户在使用 APP 浏览页面、看电影时，加载程序需要一定的过程。有研究表明，普通用户能够忍受的最长的加载页面的时间一般为 8 秒钟。8 秒是一个临界值，如果加载时间超过 8 秒，除非用户必须在这个页面获得一些信息，否则一般用户会关闭页面或者转到其他页面。因此，就有必要制作加载动画，一方面为了告诉用户加载的状态，另一方面也减少用户等待的枯燥乏味感。

加载动画经过多年的发展，呈现出极丰富的表现形式，最常见的便是通过线的生长来表现。本案例中，我们用 AE 中的"修剪"命令来制作一个加载的动画，具体的效果如图 4-1 所示。

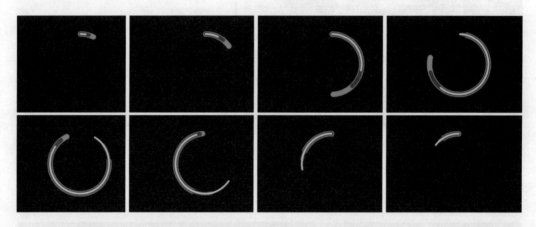

图 4-1 动画效果

（1）新建一个 600×450 像素、25 帧每秒的合成，并修改合成名称为"加载"（我们在制作项目时，一定要养成命名的习惯，以方便后续工作的管理与修改），如图 4-2 所示。

图 4 – 2　新建"加载"合成

（2）点击矩形工具右下角的小三角，在出现的菜单中，选择"椭圆工具"，并在工具栏中点击"填充"旁边的小方块，在出现的"填充选项"中选择第一个即"不填充"；工具栏中"描边"宽度为 25 像素，并点击旁边的方块，在颜色选项中选择白色，步骤与结果如图 4 – 3 所示。

图 4 – 3　椭圆工具设置

（3）绘制正圆，修改其中心点位于圆的中心，并使其位置处于画面的中心位置，具体步骤如下：

①按住"Shift"键，在合成窗口中，绘制一个正圆，如图 4 – 4 所示。

②观察发现，圆的中心点并没有位于它的中心，而处于画面的中心，因此我们展开

"形状图层 1"的内容属性面板，把"变换：椭圆 1"下的"位置"值改为(0，0)，如图
4–5 所示。

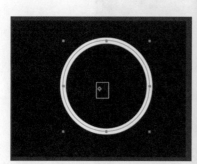

图 4–4　绘制一个正圆

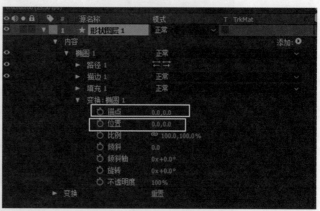

图 4–5　改变圆的中心点

③点击菜单栏窗口中的"对齐"，选择垂直与水平居中对齐，让椭圆处于画面的中心位置，如图 4–6 所示。

图 4–6　对齐

(4)点击时间窗口图层下"添加"旁边的小三角，会弹出关于形状图层的相关命令菜单。这里弹出的菜单也可通过在工具栏上点击"添加"（填充 ■ 描边 □ 25 像素 添加:◉）旁边的小三角打开，两者功能是一样的。

在该案例中，在出现的命令菜单中选择"修剪路径"。

①添加"修剪路径"后，在"椭圆 1"下，便可看到多了一个"修剪路径 1"的属性。需要注意的是，"修剪路径 1"的属性可以通过按鼠标上下左右拖动，改变其顺序，从而对不同的属性产生影响。

"路径 1"后有两个带箭头的小图标，是"反转路径方向"图标，点击该图标可以改变路径的起始和结束方向，如图 4–7所示。

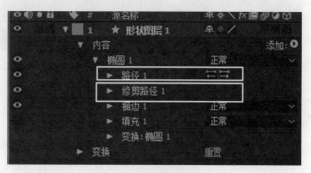

图 4–7　反转路径方向

②“修剪路径”下的参数相对比较少，而且好理解。修剪路径，可以理解为路径的生长与消失，“开始”是指路径“开始”的那个点，结束则反之，如图4-8所示。当我们改变开始值，不改动结束值时，可以看到路径随着值的变化而消失。图4-9所示的分别是结束值为100%，开始值为10%、50%、70%、95%时的状态。

图4-8　路径“开始”

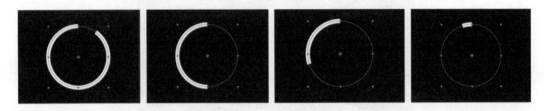

图4-9　路径消失

③当同时改变开始值与结束值时，可以看到原来完整的圆此刻变成了一段圆弧，如图4-10所示。偏移是指开始与结束的值偏离原来的值，单位为角度。

图4-10　改变值，圆变弧形

当我们给偏移值打关键帧，如第一帧偏移值为0，1秒钟为360°时，可以看到该线段围绕着原来的路径走了一周，如图4-11所示。

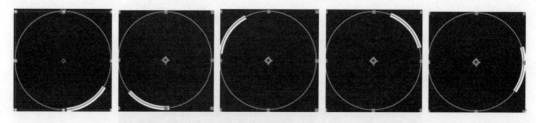

图 4 – 11　弧的运动

（5）制作加载动画。在此案例中，我们希望制作一个圆由无到有再由有到无的过程，可以通过修改"修剪路径"的"开始"值改变其生长值，修改"结束"值改变其结束值。

①把开始值与结束值都改为 0，并把当前时间指示器移动到 0 帧位置（该步骤简称为移动到某帧），点击"开始"前的"秒表"，建立一个关键帧，如图 4 – 12 所示。

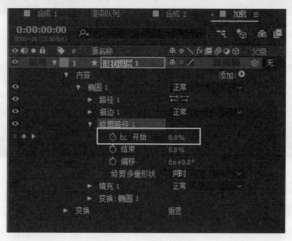

图 4 – 12　建立关键帧

②移动到 24 帧处，把"开始"值改为 100%，此时，可以看到圆已经由无到有生长，如图 4 – 13 所示。

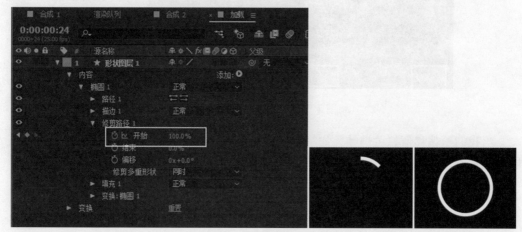

图 4 – 13　圆的生长

③制作消失运动。当圆长到半圆时,从开始处渐渐消失,因此我们首先要找到圆长到一半的位置。因为圆用了24帧的时间来完成整个圆的生长,所以,12帧处便是长到50%的地方,因此我们首先要把时间移动到12帧处,在这里点击"结束"旁边的"秒表",创立一个关键帧(注意此时的值为0),如图4-14所示。

图4-14　创立关键帧

移动到1秒11帧处,把结束值改为100%,这样便建立了第二个关键帧。当圆生长到半圆时,从开始生长处慢慢消失,如图4-15所示。

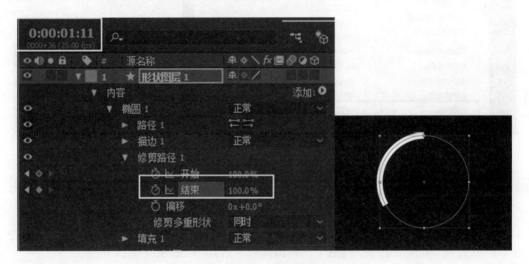

图4-15　半圆开始消失

(6)此时形状图层的关键帧便是"修剪路径1"的开始值与结束值的变化,如图4-16所示。

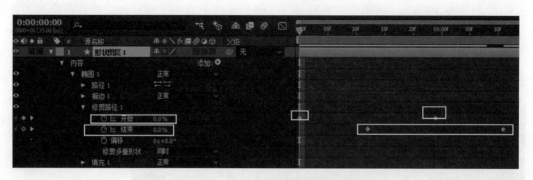

图 4 - 16　形状图层的关键帧

（7）观察运动效果，这是一个匀速运动、缺少节奏感和生气的圆，因此需要调整其运动节奏。

①在时间面板上，框选所有关键帧，点击鼠标右键，在出现的菜单中，选择"关键帧辅助"下的"缓动"（也可以按快捷键"F9"），如图 4 - 17 所示。这样便得到缓入缓出的运动效果，同时矩形的运动曲线变成了曲线。

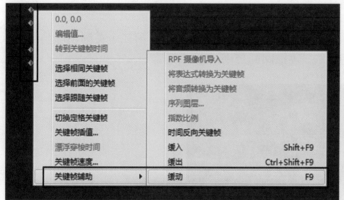

图 4 - 17　按快捷键"F9"　　　　　　　　图 4 - 18　图表编辑器

②点击时间轴中的"图表编辑器"进入编辑器窗口（图 4 - 18）。通过调整曲线的形态对运动的节奏进行调节。

当我们打开图表编辑器时，会看到很多线，常常会干扰我们的操作，为了方便调整，一般会在"图表类型"选项▣中，调出面板，选择"编辑速度图表"选项。

拖动关键帧的锚点进行调整。比如，调整速度曲线，图形越"陡"则表示速度越快，它是加速的过程；如果曲线变得越来越"平"或"缓"，表示速度越来越慢，则是一个减速的过程。

该案例中，我们希望运动是一个由慢到快再到慢的过程，点击左边"修剪路径 1"下的"开始"，于是便在右侧出现其关键帧的曲线，点击锚点，拖动黄色的手柄，具体形态如图 4 - 19 所示（需要注意的是，要把时间指示器移动到 12 帧处，保证此时的值为 50%）。

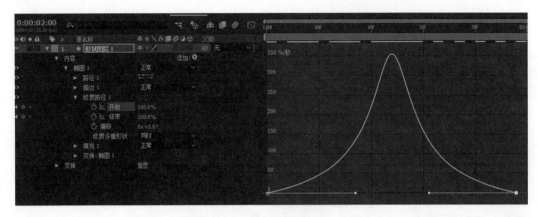

图 4 – 19　调整曲线

点击左边"修剪路径 1"下的"结束",于是便在右侧出现其关键帧的曲线,点击锚点,拖动黄色的手柄,具体形态如图 4 – 20 所示。

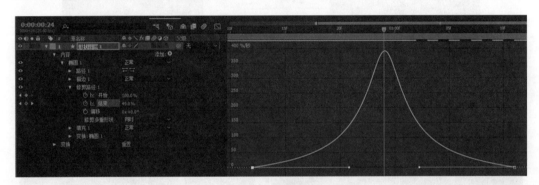

图 4 – 20　调整曲线

(8)观察此时线的形态是平头端点,我们可以展开描边属性的线段端点,改为圆头,达到想要的效果,如图 4 – 21 所示。

(9)做好基础的运动效果,我们可以复制几个图形,通过改变再现的时间、描边大小及色彩来达到丰富的效果。

①选择"形状图层 1",按"Ctrl + D"键复制两个图层,再在时间轴上,各往后拖动 1 帧,让其各晚出现 1 帧时间,如图 4 – 22 所示。

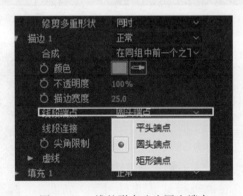

图 4 – 21　线的形态改为圆头端点

图4-22　改变图层出现时间

②修改描边大小与色彩，制作尾巴效果。在"形状图层1"文字上点击鼠标右键，在出现的菜单中选择"重命名"，输入想要的名称即可。可用同样的方法为其他图层命名，如图4-23所示。

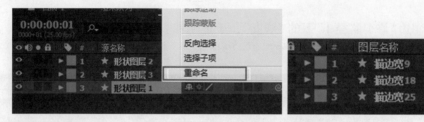

图4-23　重命名

③结果如图4-24所示。

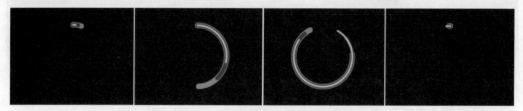

图4-24　结果

（10）扩展练习1。用修剪路径也可以制作一个圆的展开与修剪的动画，通过设计路径描边的宽度填充整个圆，便可实现。

①展开形状图层的内容，改变描边宽度为187（绘制的椭圆大小不同，这个值不同，我们改变到椭圆的中心也被描边占据为止），如图4-25所示。

②改变修剪路径下的开始值或结束值，不同的值得到的结果如图4-26所示。

图4-25　描边宽度

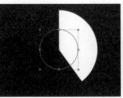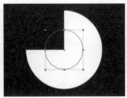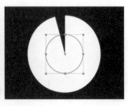

图 4 - 26 结果

③修改描边宽度，还可以做圆环的生长效果，如图 4 - 27 所示。

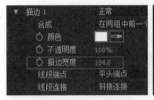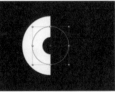

图 4 - 27 圆环的生长效果

④复制多个图层，改变它们的色彩和描边宽度以及在时间轴上出现的时间早晚，可以做出丰富而生动的效果，在 MG 动态图形中被广泛运用，如图 4 - 28 所示。

（11）扩展练习 2。运用好线的生长可以做很多丰富的效果，比如一些 logo 的演绎、广告的制作等，如在一个公益广告中，通过线的生长，把影片的元素都以动态的方式展示出来，画面简洁，但展示效果却极为生动，如图 4 - 29 所示。

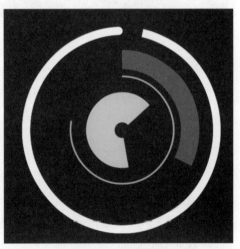

图 4 - 28 丰富效果

图 4 - 29 扩展练习 2

5   用中继器制作一个中心发散的动画

我们常常看到从中心向外发散的线或矩形等发散效果，它们或用来引导即将出现的主体或陪衬已出现的主体(图5-1)，总之在 MG 制作中被广泛应用。本章介绍应用 AE 中的"中继器"来制作此类效果。

图5-1   发散效果

"中继器"在 AE 中，可以理解为"复印机"，我们可以将做好动画的图层，添加中继器，它便可以复制出任意多的副本，做出丰富的动画效果。

5.1   中继器的基本操作

"中继器"是对图形进行复制的命令，创建同组中位于它上面的所有路径、描边和填充的虚拟副本，所谓虚拟副本是指复制的对角不单独出现在"时间轴"面板中，而是呈现在"合成"面板里。运用中继器时，可以根据它在组里的顺序不同而产生不同的效果。下面用几个案例进行说明。

（1）新建一个 1280×720 像素、25 帧每秒的合成。

（2）用矩形工具绘制一个矩形，并在工具栏中点击"填充"旁边的小方块，在出现的"填充选项"中选择第一个即"不填充"；工具栏中"描边"宽度为 11 像素，并点击旁边的方块，在出现的颜色选项中选择白色，步骤与结果如图 5-2 所示。

图5-2   绘制矩形步骤

（3）点击时间轴窗口中的形状图层。

①在"内容"→"矩形1"→"变换：矩形1"下找到"位置"，把数值改为（0，0）（即改变矩形的位置，也就是使它的中心点位于画面的中心位置）。

②菜单栏中，执行"窗口"→"对齐"命令，打开"对齐面板"，选择横向和竖向居中对齐。

③得到一个中心点位于画面中心的矩形，如图5-3所示。

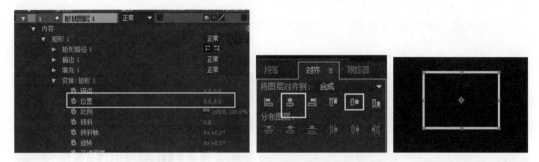

图5-3　改变矩形的位置

（4）点击时间窗口图层下"添加"旁边的小三角，会弹出关于形状图层的相关命令菜单（这里弹出的菜单也可通过在工具栏上点击"添加"旁边的小三角打开，两者效果是一样的）。

本案例中，在出现的命令菜单中选择"中继器"，如图5-4所示。

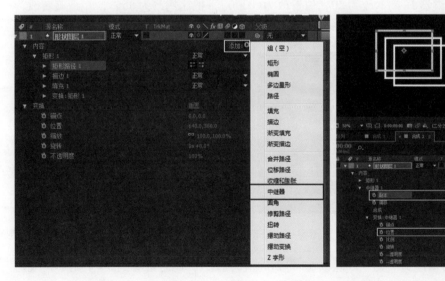

图5-4　中继器

展开"中继器"，可以看到有"副本"与"偏移"两个属性，副本是指复制多少个对象，在截图中，副本为"3"，可以看到画面中有3个矩形；"偏移"是指整体向复制的属性偏移，如按 X 轴10像素复制，如偏移值为1，则所有的副本在 X 轴偏移10像素。

"变换：中继器 1"中，"位置"指复制的对象相邻间的位置，如"位置"属性设置为(0，8)，原始形状将保留在其原始位置(0，0)，那么第一个副本出现在 (0，8)，第二个副本出现在 (0，16)，第三个副本出现在 (0，24)，以此类推；"比例"则是指与前一个的比例关系，如比例为 100%，则所复制的大小都一样，如比例为 90%，则每一个是前一个的 90% 大小，以此类推。

(5)将"中继器 1"副本改为 10，位置改为(0，0)，此时可见所有复制的矩形便重合在一起了，外表看起来像是只有一个矩形。

把比例改为 80%，便可看到十个矩形以缩小的规律形成一个有节奏的图形，如图5-5 所示。

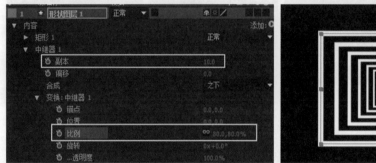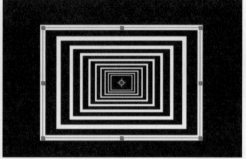

图 5-5　修改副本与比例

(6)将"中继器 1"副本改为 50，位置改为(0，0)，把比例改为 85%，并把旋转改为 2.2°，此时可看到 50 个矩形按规律缩小并旋转2.2°，如图 5-6 所示。

图 5-6　修改旋转

(7)把旋转值改为 7.2(360 除以 50 得到的值为 7.2)，此时可看到 50 个矩形按规律缩小，如图 5-7 所示。

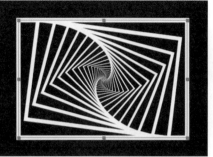

图 5-7　修改旋转值

（8）将"矩形"的圆度修改为 21，"中继器 1"副本改为 21，把比例值改为 114%，并把旋转改为 5.4，可以看到尖的转角变得非常圆滑，得到一个夸张的图形，如图 5-8 所示。

图 5-8　修改参数

5.2　中心发散案例制作

本案例将介绍如何制作点、线和矩形、面等从画面中心向外扩散的动画效果，具体如图 5-9 所示。

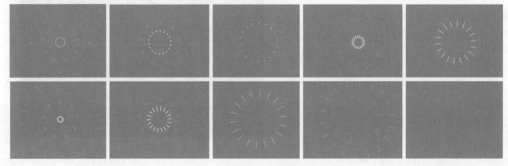

图 5-9　动画效果

（1）新建立一个 1280×720 像素、2 秒钟长的合成。

（2）绘制一个矩形。首先，该矩形不填充任何颜色，但有 25 像素的描边，具体操作如图 5－10 所示。

①在工具栏点击"矩形工具"，选择矩形工具绘制一个矩形。

②选择绘制的矩形，点击工具栏上的"填充"，在出现的"填充选项"中点击"不填充"，点击"确定"。

③选择绘制的矩形，在工具栏的"描边"旁，选择描边色彩为白色，描边宽度为 25 像素。

图 5－10　绘制矩形设置

（3）绘制的矩形的中心点并没有处于矩形的中心，因此需要把中心点移动到矩形的中心；此次要做一个正方形，因此需要在"矩形路径 1"下的"大小"处修改大小。具体操作如图 5－11 所示。

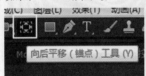

图 5－11　具体操作步骤

①在矩形被选择状态下，在工具栏中点击"锚点"工具，鼠标左键点击"锚点"也就是矩形的中心点，按住鼠标左键不放，将描点移动到矩形的中心。

②展开"形状图层 1"，点击"矩形 1"，在"矩形路径 1"下，将"大小"改为（128，128），可得到一个 128 像素大小的正方形。

（4）此时在形状图层面板下得到的矩形大小为 128 像素，描边宽度为 25 像素，其层级如图 5－12 所示。

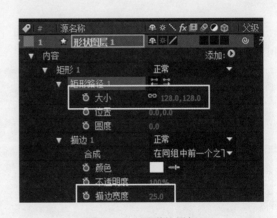

图 5－12　图形的层级

（5）接下来对矩形进行动画的制作。希望它的描边由大到消失，大小也由 128 变为 0，但是比例却由 0% 变化为 100%，这仿佛是很矛盾的操作，但却能得到矩形由小变大再变小的奇妙效果。

①制作描边宽度在 1 秒钟内由小到大、最后消失的效果。把时间轴移动到 0 帧处，展开"形状图层 1"，在描边属性中，点击描边宽度旁边的"秒表"，创建一个关键帧；轴移动到 1 秒钟处，改变描边宽度的值为 0，如图 5-13 所示。

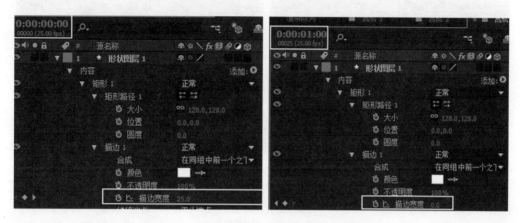

图 5-13　描边宽度变化

②制作矩形形状由大到小的动画。0 帧处，展开"形状图层 1"，点击"矩形 1"，在"矩形路径 1"下，点击旁边的"秒表"创建一个关键帧；把时间移动到 1 秒处，把矩形路径大小改为 0，便创建了第二个关键帧，如图 5-14 所示。

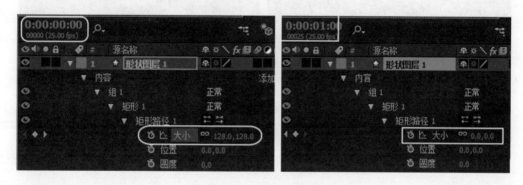

图 5-14　创建关键帧

③制作比例由小到大的动画，通过改变矩形的比例，得到矩形由小到大的动画。

0 帧处，展开形状图层，在"变换：矩形 1"下，把比例值改为（0，0%），点击"比例"旁边的"秒表"，创建一个关键帧；把时间移动到 1 秒处，将比例改为（100，100%），便创建了第二个关键帧，如图 5-15 所示。

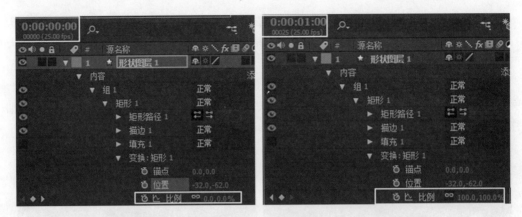

图 5 – 15　比例变化

此时我们得到一个矩形由 0 变到大概原大小一半，再由大变小的动画。

（6）在该案例扩散效果中，分析单个矩形的运动，发现是位置发生了变化，因此需要制作矩形的位移变化。

0 帧处，展开"形状图层 1"，在"变换：矩形 1"下，点击"位置"旁边的"秒表"，创建一个关键帧；把时间移动到 1 秒处，改变"位置"的数值，配合合成窗口观察，直到矩形移动到画框外为止，本案例的数值是（ – 32， – 376），因此便创建了第二个关键帧，如图 5 – 16 所示。

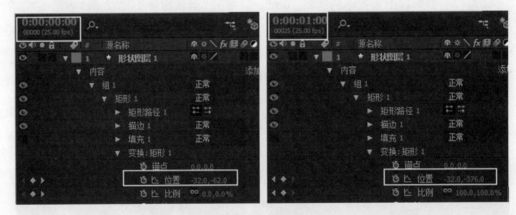

图 5 – 16　改变位置

此时我们得到矩形由小变大再变小，同时向上运动的动画，如图 5 – 17 所示。

图 5 – 17　动画效果

（7）此时形状图层的关键帧有路径大小、描边宽度、位置与比例的变化，如图5－18所示。

图5－18　形状图层的关键帧

（8）观察运动效果，这是一个做匀速运动，缺少节奏感和生气的矩形，因此需要调整其运动节奏。

①在时间面板上，框选所有关键帧，点击鼠标右键，在出现的菜单中，选择"关键帧辅助"下的"缓动"（图5－19）。这样便得到慢入慢出的运动效果，同时矩形的运动曲线变成了曲线。

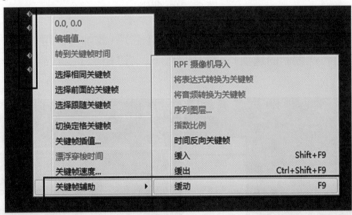

图5－19　缓动

②点击时间轴的"图表编辑器"进入编辑器窗口。通过调整曲线的形态对运动的节奏进行调节。

当打开图表编辑器时，会看到很多线，常常会干扰操作，因此，为了方便调整，可在选择图表类型选项▦中调出面板，选择"编辑速度图表"选项（图5－20）。

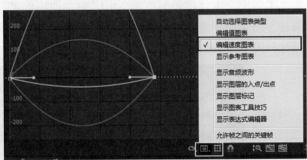

图5－20　编辑速度图表

拖动关键帧的锚点进行调整。比如，调整速度曲线，图形越"陡"则表示速度越快，它是加速的过程；如曲线变得越来越"平"或"缓"，则表示速度越来越慢，则是一个减速的过程。本案例中，我们希望运动是一种由慢到快再到慢的过程，具体形态如图 5 – 21 所示。

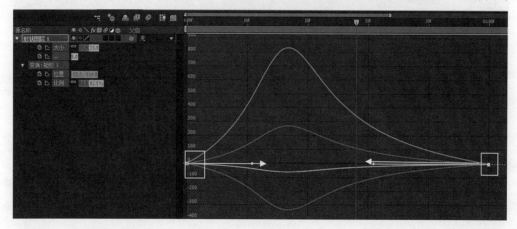

图 5 – 21　曲线

(9)点击"添加"，在弹出来的菜单中选择"组(空)"(添加一个组，会添加一个变换的属性，多了一个可再次控制的选项)；在"内容"下，有"矩形 1"与"组 1"两个内容(图 5 – 22)。

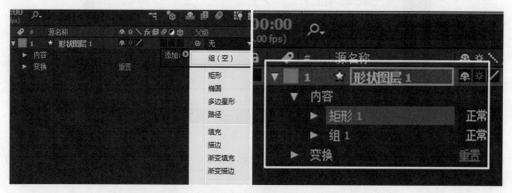

图 5 – 22　组(空)

本案例中，需要把矩形放入"组 1"中，即矩形是"组 1"的子层级，这样调整"组 1"的属性，便会影响到矩形。具体方法是，按住鼠标左键将"矩形 1"拖动到"组 1"上，松开鼠标便可实现(图 5 – 23)。

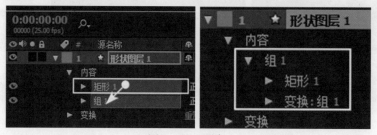

图 5 – 23　顺序

（10）制作许多矩形由中心向外发散的效果。

①点击"添加"旁边的小三角，在出现的菜单中，选择"中继器"（图5－24）；注意"中继器1"位于"组1"的下面（图5－25），它们是并列的关系（如果把"中继器1"放到"组1"的上面，那么中继器只影响它上面的内容，而不影响下面的内容；如改变位置只需要拖动改变其上下位置即可）。

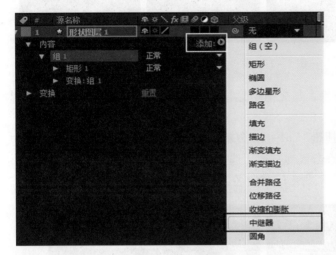

图5－24　中继器　　　　　　　　　　　　　　　图5－25　顺序

②修改"中继器1"的内容参数（图5－26）。首先，把副本值改为9，因为在本案例中，复制9个小矩形就够了，我们要在具体的项目中选择不同的数值。

把位置值改为（0，0），因为我们需要每个复制的矩形相对于相邻的都没有位移的变化。

把旋转值改为40，为什么是40而不是其他的值呢？因为我们想让所有的矩形在一个圆内平均分布，即360除以9，得到了40的值。

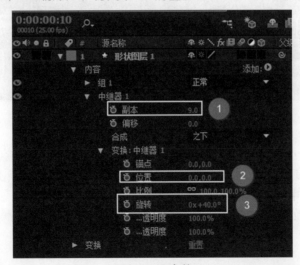

图5－26　参数

③得到发散效果,如图5-27所示。

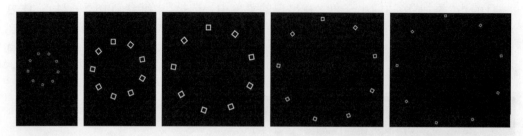

图5-27 效果

(11)为了丰富动态图形的效果,与之前矩形描边的发散不同,我们制作填充矩形由中心向外发散的效果。

①选择"形状图层1",按快捷键"Ctrl+D"复制一层。为了后面的项目管理,要为图层命名。选择"形状图层2",点击鼠标右键,选择"重命名",把该图层命名为"矩形描边02",用同样的方法,把"形状图层1"重命名为"矩形描边01",如图5-28所示。

图5-28 命名

②将"矩形填充02"图层往后移动8帧,方法是按住鼠标左键将图层往后拖(图5-29)。

图5-29 后移8帧

③修改矩形描边为"填充"。首先选择"矩形",在工具栏中,点击"填充"旁边的"填充颜色",在出现的"填充"选项中,选择第二项(填充纯色);点击"描边颜色",在出现的"描边"选项中,选择第一项"无颜色"。如图5-30所示。

④得到的效果如图5-31所示。

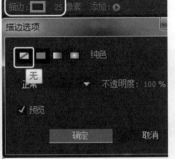
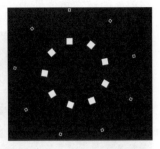

图 5 – 30　修改矩形描边为"填充"　　　　图 5 – 31　效果

（12）为了丰富动态图形的效果，与之前描边矩形、填充矩形的发散不同，我们制作"线"由中心向外发散的效果。

①选择"矩形填充 02"图层，按快捷键"Ctrl + D"复制一层，为了后面的项目管理，要把该图层命名为"线 03"；按住图层往后移动 8 帧，如图 5 – 32 所示。

图 5 – 32　图层后移

②改变矩形的 X 与 Y 的值，即长和宽的值，获得一个长很小、宽很大的矩形，看起来就像一条线。

具体步骤（图 5 – 33）：展开"矩形 1"，找到"矩形路径 1"下的"大小"，点击 （约束比例），便可单独改变矩形长和宽的数值；在 16 帧时，改变其大小为（1，679），在 1 秒 16 帧时，仍为原来的（0，0）。

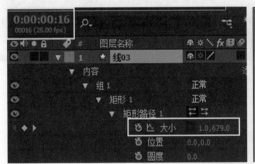
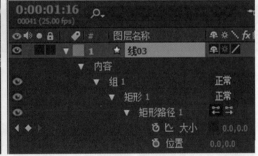

图 5 – 33　具体步骤

③如果想让线有一些变化，还可以给它的旋转做动画。首先在"变换组 1"下找到"旋转"（在此可单独控制复制后的矩形的旋转值，这也是为何前面要增加一个"组"的原

因），给旋转一个一开始旋转45°到后面为0°的效果（后面为0°的目的是让线消失的时候与前面的填充矩形处于同一位置），如图5－34所示。

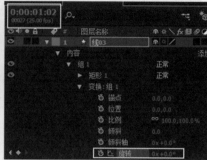

图 5 – 34　旋转

④得到的效果如图5－35所示。

图 5 – 35　效果

（13）为了得到更丰富的效果，可以对现有的三个图层进行复制，调整它们在出现时的顺序或动画的节奏（图5－36）。

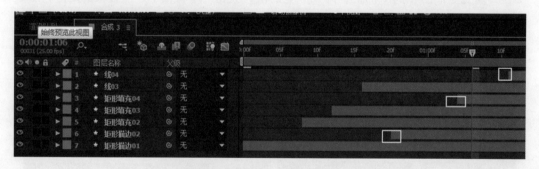

图 5 – 36　调整图层顺序

得到的效果如图5－37所示。

图 5 – 37　效果

6 动态图形设计的时间与节奏

　　一个清晰易懂的 MG 作品，首先要有好的表现手法和设计，就是使每一个镜头或主要动作能以最清楚和最有效的方式呈现出来；其次是掌握好时间，要有足够的时间使观众预感到将要有什么事情发生，用于表现动作本身；最后要表达动作的反应。这三者中，任何一项所占时间太多，都会使观众感觉节奏太慢，注意力将会分散。反之，如果时间太短，在观众注意到之前，动作已经结束，那么要表达的意念并未充分表现，从而产生传达的不足或错误。

　　MG 动态图形制作可借鉴早期迪士尼公司创立的动画原则。迪士尼公司总结了 12 项动画的基本原则，是迪士尼动画制作人 Ollie Johnston 和 Frank Thomas 在《动画时间的掌握》一书中介绍的原则，其主要目的是制作一个与物理基本原则相联系的动画人物，通过该原则也可应对更多抽象的问题，如情感表现、人物的吸引力表现等。

　　本章结合 MG 动态图形设计的特点，总结八大制作原则，同时进一步介绍 AE 软件中位移、比例、曲线等命令的使用，涉及案例如图 6-1 所示。

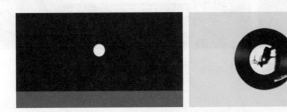

图 6-1　案例

6.1　时间与间距

　　在纯物理空间，正确的时间与间距使得物体的出现更符合物理原则，比如，一个铅球与乒乓球同时从高处落下，那么比较重的铅球则相对乒乓球较快落地，用的时间较少；又如，用同样的力向前推动不同重量的箱子，在相同时间内，轻的往前移动的距离比重的要大，从呈现的结果来说，就是轻的箱子间距大。不仅如此，时间与间距在检验动画人物的心情、情感、反应的时候也能起到极大的作用。

　　在本案例中，我们将通过调整 AE 里的时间与位移来制作一个小球从高处掉落的动作。

（1）新建立一个 1280×720 像素、4 秒钟长的合成。

（2）搭建场景。搭建一个深蓝色的背景和一个矩形作为地面的简单场景。

①打开菜单栏，执行"图层"→"新建"→"纯色"命令，建立一个纯色图层，把颜色改为深蓝色（图 6-2）。

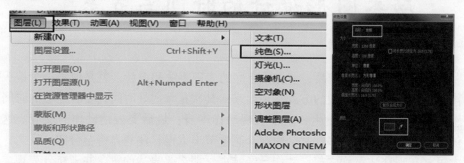

图 6-2　建立纯色图层

②选择矩形工具绘制一个矩形，点击工具栏中的"填充"，将颜色改为灰蓝色，选择"不描边"，绘制一个灰蓝色的矩形于画面底部，相当于地面。最终完成效果如图 6-3 所示。

图 6-3　绘制矩形

（3）制作小球掉落的效果。

①在工具栏中，点击椭圆工具，按住"Shift"键绘制一个正圆，填充色为白色，无描边。

②在小球处于被选中状态时，在工具栏中点击 ▦ 修改圆的中心点为其中心点（方法是按住中心点，拖动到圆心即可），如图 6-4 所示。

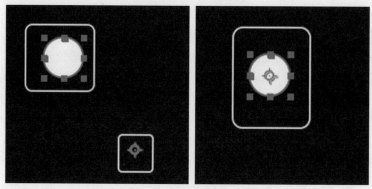

图 6-4　修改圆的中心点

③用移动工具把小球移动到合成的上方(出画外即可)。把时间移动到 0 帧处(图 6-5)。

图 6-5 移动小球到画外

④展开"小球"(原椭圆图层,点鼠标右键改名为"小球")图层的变换属性,在"位置"处,点击鼠标右键,在出现的菜单中选择"单独尺寸",于是便打开了位置的 X、Y 属性,这样方便单独调整 X、Y 的值(图 6-6)。

点击展开的"Y 位置"前的"秒表",建立一个关键帧(图 6-7)。

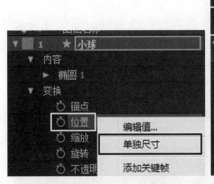

图 6-6 展开单独尺寸

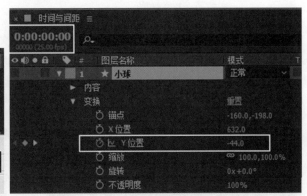

图 6-7 调整 Y 轴位置

把时间移动到 16 帧处,改变 Y 位置的值,让圆的底部正好与地面重合,制作其落地的动画(图 6-8)。

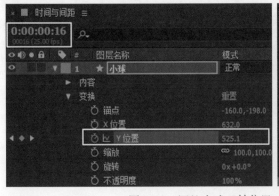

图 6-8 调整小球 Y 轴位置

（4）制作小球的弹跳效果。小球从高处掉落，并不是马上静止，而是有一定的弹跳运动。下面运用"时间与间距"制作其弹跳的效果。

①把时间移动到 24 帧，改变 Y 位置的值，让其从地面弹起来，但是弹起来的高度要小于之前掉落的高度（图 6-9）；在 1 秒 07 帧处，改变 Y 位置的值，让圆的底部正好与地面重合，制作其落地的动画（图 6-10）。

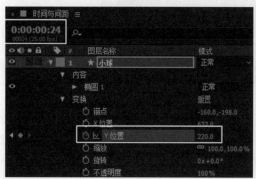
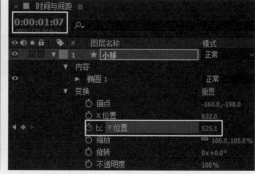

图 6-9　Y 位置值　　　　　　　　　　　　图 6-10　Y 位置值

②小球受到的弹跳力越来越小，也就是说它再次弹起的高度与时间都变得越来越小，因此，在制作第二次弹起时，要把时间往后移动 6 帧，在 1 秒 13 帧处，改变 Y 位置的值，让其从地面弹起来，注意弹起来的高度要小于之前掉落的高度（图 6-11）；在 1 秒 19 帧处，改变 Y 位置的值，复制 16 帧 Y 位置的值到此处（图 6-12）。

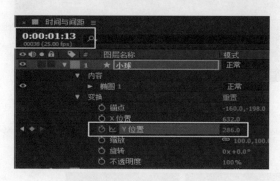
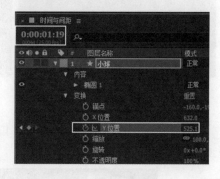

图 6-11　Y 位置值　　　　　　　　　　　　图 6-12　Y 位置值

③把时间往后移动 4 帧，在 1 秒 23 帧处，改变 Y 位置的值，让其从地面弹起来，注意弹起来的高度要小于之前掉落的高度（图 6-13、图 6-14）；在 2 秒 02 帧处，改变 Y 位置的值，复制 16 帧 Y 位置的值到此处。

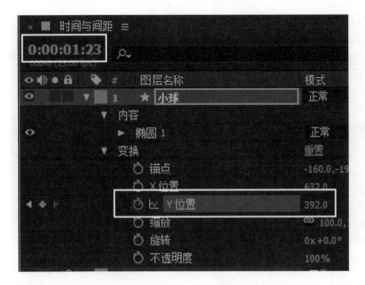

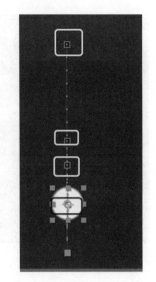

图 6 – 13 　Y 位置值　　　　　　　　　　图 6 – 14 　Y 位置值

　　④把时间往后移动 2 帧，在 2 秒 04 帧处，改变 Y 位置的值，让其从地面弹起来，注意弹起来的高度要小于之前掉落的高度（图 6 – 15）；在 2 秒 06 帧处，改变 Y 位置的值，复制 16 帧 Y 位置的值到此处（图 6 – 16）。

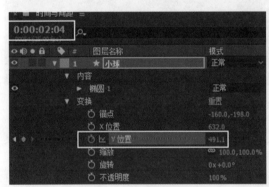

图 6 – 15 　Y 位置值　　　　　　　　　　图 6 – 16 　Y 位置值

　　⑤把时间往后移动 1 帧，在 2 秒 07 帧处，改变 Y 位置的值，让其从地面弹起来，注意弹起来的高度要小于之前掉落的高度（图 6 – 17、图 6 – 18）；在 2 秒 06 帧处，改变 Y 位置的值，复制 16 帧 Y 位置的值到此处。

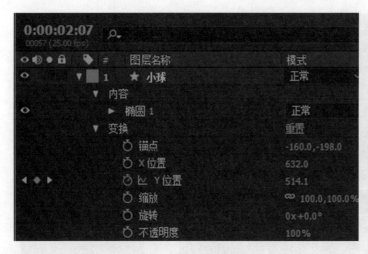

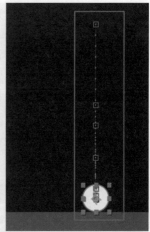

图 6 – 17　Y位置值　　　　　　　　　　　　图 6 – 18　Y位置值

⑥时间轴上的关键帧显示效果如图 6 – 19 所示。

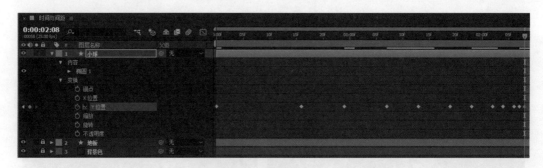

图 6 – 19　关键帧显示效果

（5）制作小球的弹跳速度变化。小球从高处掉落，因受到重力等的影响，下降速度是越来越快的，而它弹起来的过程因受到重力及空气阻力的影响，是一个减速的过程。下面运用"运动曲线的调整"来调整小球的速度变化。

①选择所有的关键帧，按住快捷键"F9"，把它们都变成柔缓的曲线，以方便调节。此时，关键帧的形态变成如图 6 – 20 所示的状态。

图 6 – 20　关键帧形态

②选择"图表编辑器"进入曲线编辑窗口，如图 6 – 21 所示。

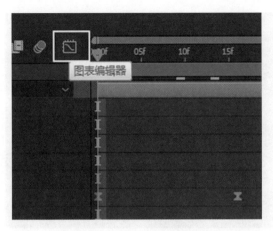

图 6 – 21　进入曲线编辑窗口

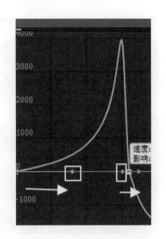

图 6 – 22　锚点往右移动

③小球掉落的过程是加速的过程，曲线应该处于越来越陡的状态，因此按住鼠标左键将 0 帧的锚点往右拖动，便形成了越来越陡的形态，同时将 16 帧左边的锚点也往右移动，如图 6 – 22 所示。

④小球弹起的过程是减速的过程，曲线应该处于越来越平的状态，因此按住鼠标左键将 16 帧右边、24 帧左边的锚点往左拖动，便形成了"由陡变平"的形态，如图 6 – 23 所示。

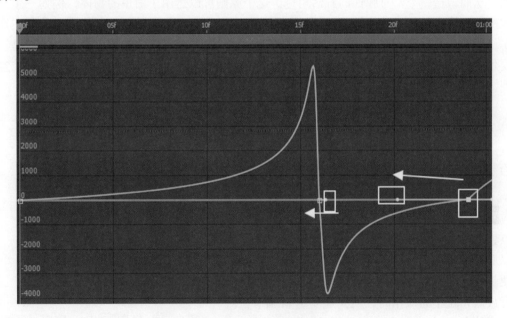

图 6 – 23　锚点往左拖动

⑤同理调整其他关键帧的形态如图 6 – 24 所示，选择小球，可看到其间距已发生变化。

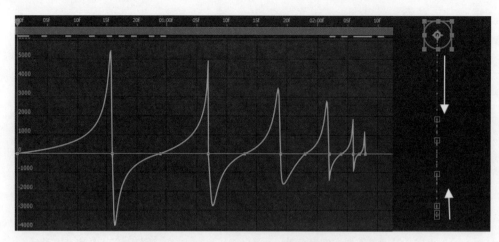

图 6-24　曲线形态及间距变化

6.2　挤压和拉伸

　　挤压和拉伸是动画最重要的原则，这个原则的目的是赋予表现对象以重量感和灵活感，从而塑造一个富有弹性的鲜活角色。这个原则可以运用于简单的物体，例如一个反弹的球，或者更加复杂的结构，例如人脸的肌肉运动。在具体的项目制作中，我们在用挤压等变形手法时，要注意物体的总体量不会随着物体的挤压或拉伸而改变，也就是说要保持角色的体积是恒定的。例如，当我们垂直增加球的长度时，它的宽度（在三维空间，连同深度）也需要随之水平改变。

　　下面对小球掉落的效果进行进一步的制作与调整，以达到球更鲜活的动画效果。

　　（1）制作小球掉落的效果。

　　①在工具栏中点击椭圆工具，按住"Shift"键绘制一个正圆，填充色为白色，无描边。

　　②在小球处于被选中状态时，在工具栏中点击 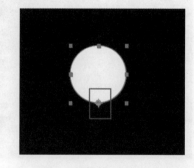 修改圆的中心点为其底部（方法是按住中心点，拖动到圆的底部。因为圆要发生变形，如果以底部为中心点，那么每次掉落在地板上的位置便是一样的；如果以圆心为中心，那么在对圆进行放大和缩小的操作时，便又需要重新调节位置，才能贴合地板），如图 6-25 所示。

图 6-25　修改圆的中心点为其底部

　　③接下来的步骤就与上一节相同，制作小球掉落的效果，并调整它的曲线。

　　（2）制作小球挤压和拉伸的效果。继续添加缩放效果，以达到挤压与拉伸的目的。

①在0帧处，展开小球的"缩放"属性，点击其旁边的"秒表"，建立一个关键帧，即当它开始掉落时，"小球"图层的长和宽都是100，如图6-26所示。

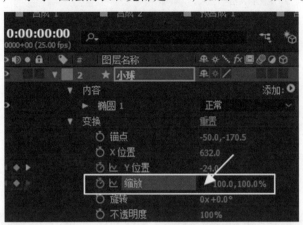

图6-26 缩放属性

②移动到16帧（即小球掉到地面上的一帧，可按快捷键"K"到下一个关键帧），将缩放的 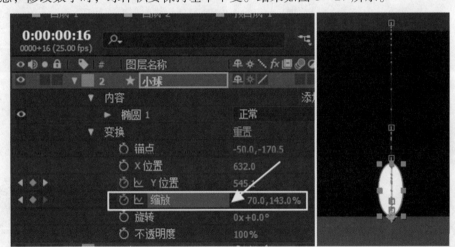（链接）取消，可不按比例来改变其大小，将其数值改为（70，143%），这里要注意，修改数字时，球体积要保持基本不变。结果如图6-27所示。

图6-27 缩放效果

③移动到00:24处，修改缩放值为（100，100%）（图6-28），因为停止时它不再发生变形，而是与其原大小保持一致。

④用同样的方法，将01:13，01:23，02:04，02:07，02:08处的缩放值都改为（100，100%）。

⑤将01:07处的缩放值改为（80，125%），01:19处的缩放值改为（90，111%），02:02处的缩放值改为（95，105%），02:06处的缩放值改为（98，102%），如图6-29所示。

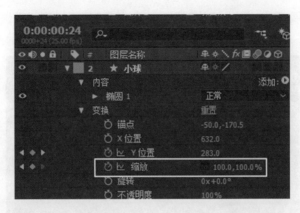

图 6 – 28　修改缩放值

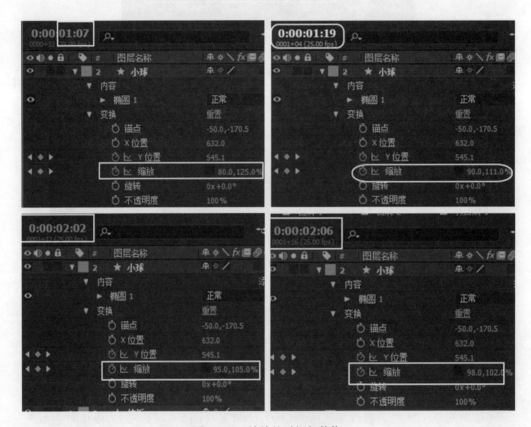

图 6 – 29　缩放的时间与数值

（3）制作小球变形的速度变化。

①选择所有的关键帧，按快捷键"F9"，把它们都变成柔缓的曲线，以方便调节。此时，曲线编辑器中曲线状态如图 6 – 30 所示。

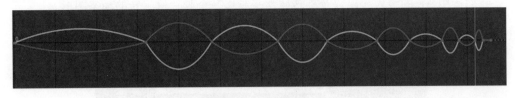

图 6 – 30　曲线状态

②小球变形快慢与其速度是一致的，因此我们要按照速度调节的方法去调节它的曲线。最终效果如图 6 – 31 所示。

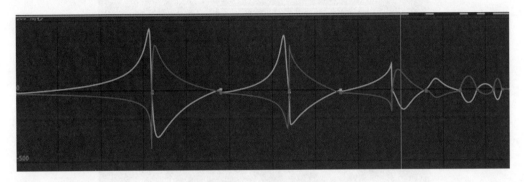

图 6 – 31　调整后的曲线

③最终效果如图 6 – 32 所示。

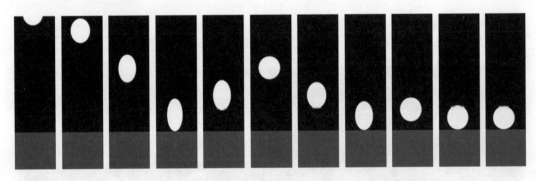

图 6 – 32　小球运动效果

6.3　缓入缓出

在现实生活中，我们向前移动，汽车往前开以及停止等都需要时间去加速和减缓，因此，如果在动作的开始和结束时有更多描绘的话，动画会显得更加真实，在具体动画制作时会强调这两个极端的动作，表现中间的动作则可相对减少。这个原则适用于人物在做动作时的两个极端姿势，例如坐下和站起，同时也适用于无生命的、移动的物体。

我们运用 AE 的缓入缓出以及旋转属性来制作一个胶片机旋转的动态图形。

(1)新建立一个 1050 × 576 像素、方形像素、6 秒钟长的合成(图 6 – 33)。

图 6 – 33　合成设置

(2)搭建场景。搭建一个近乎全白色的背景,放一个黑色唱片机的简单场景。

①用快捷键"Ctrl + Y"建立一个纯色图层,把颜色改为想要的白色(图 6 – 34)。

图 6 – 34　背景色设置

②导入提供的唱片机素材。在项目窗口中双击，在出现的对话框中找到存放素材的文件夹，注意这里应用的是"合成-保持图层大小"的方式(图6-35)。

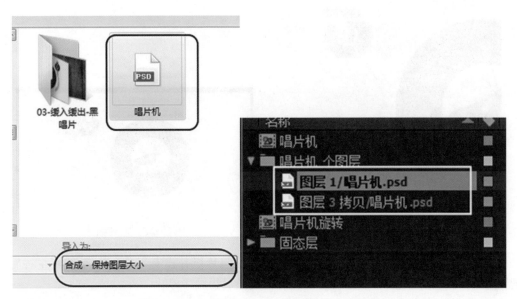

图6-35　导入素材

③将项目窗口中，唱片机个图层文件夹下的两个图层拖到合成时间轴上，合成窗口如图6-36所示。

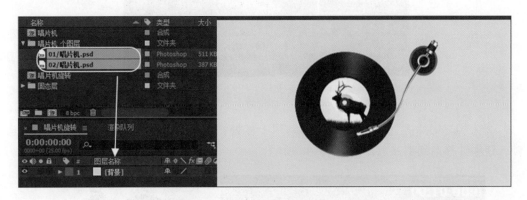

图6-36　把图层拖到合成时间轴上

④我们希望一开始唱片机的唱针并没有在唱片上，因此需要调整其初始状态。在唱针处于被选中状态时，在工具栏中点击█修改唱针的中心点为其右上角处，如图6-37所示。

⑤展开"02/唱片机"图层的旋转属性，把其值改为36°，得到了我们想要的初始场景(图6-38)。

图 6-37　修改唱针中心点

图 6-38　旋转唱针

（3）制作唱片机旋转动画。我们希望一开始唱片机并没有工作，在等 3 帧左右后，唱针移动到唱片机上后，唱片机慢慢旋转，到最后再缓缓停止。

①展开"02/唱片机"图层的旋转属性，把时间移动到 6 帧处，点击"旋转"前的"秒表"，创建一个关键帧，如图 6-39 所示。

图 6-39　创建关键帧

②在"02/唱片机"图层，把时间移动到 1 秒处，把旋转值改为 -9°，创立一个关键帧，让唱针移动到唱片上，如图 6-40 所示。

图 6-40　旋转唱针到胶片上

③把时间移动到 5 秒处，把旋转值改为 -4°，创立一个关键帧，让唱针移动，从唱片的边缘往中心运动，如图 6-41 所示。

图 6-41 改变唱针的旋转值

④在"01/唱片机"图层，把时间移动到 6 帧处，创立一个关键帧，点击"旋转"前的"秒表"，制作唱片旋转的动画，如图 6-42 所示。

图 6-42 制作唱片旋转的动画

⑤ 在"01/唱片机"图层，把时间移动到 5 秒处，把旋转值改为 270°，创立一个关键帧，如图 6-43 所示。

图 6-43 建立唱片旋转关键帧

(4)调整唱片的运动节奏，制作缓入缓出的效果。

①选择所有关键帧，按快捷键"F9"，把它们变成柔缓的曲线。

②"02/唱片机"图层即唱针图层，让其开始慢，再到快，再到停止，即曲线处于缓—陡—缓的形态，如图 6-44 所示。

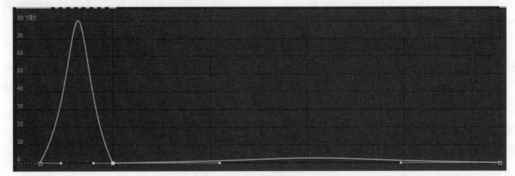

图 6-44 唱针曲线形态

③"01/唱片机"图层即唱片图层，让其开始慢，再到快，再到停止，即曲线是缓—陡—缓的形态，要注意的是唱针的运动变化较小，其陡的状态看起来也较平，而唱片运动则不一样，需要把其节奏感调出来，如图 6-45 所示。

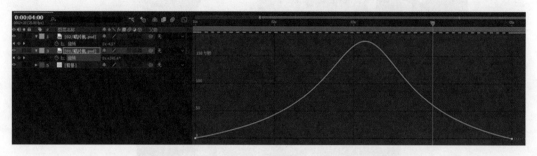

图 6-45 唱片曲线形态

④最终效果如图 6-46 所示。

图 6-46 效果

6.4 预备动作

角色完成一个动作需要经历预备、动作和结束三个阶段。预备通常是在一个大幅度的、快速的主要动作之前，方向与之相反而且比较缓慢，幅度也小一些的动作。预备动作的目的是使观众更清晰地看到动作，明白动作之间的联系，否则角色的动作会显得非常突兀和僵硬。那么在实际制作过程中预备应该应用到哪种程度呢？这依赖于下面的一些因素：施加了多少力？运动有多快？你希望观众有多惊讶？

下面介绍如何在 AE 里绘制电影胶片，并用应用预备动作的原理来制作胶片放映的效果。

（1）电影胶片的绘制。在绘制图形时，一般会通过各种途径去寻找一些可参考的素材，通过素材分析其构成特点。具体绘制步骤如下。

①按住"Shift"键绘制一个正圆，填充颜色值为#424242，并在其变换属性中将位置设为 0，这样椭圆便位于画面中心，其中心点也是圆的中心，修改其名字为"胶片外"（图 6-47、图 6-48）。

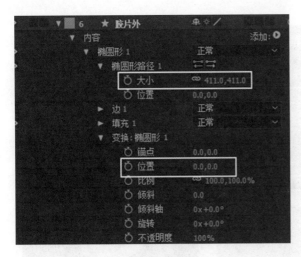

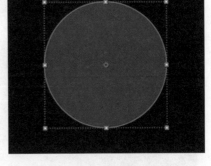

图 6-47　椭圆参数　　　　　　　图 6-48　正圆"胶片外"

②按住"Shift"键再次绘制一个比"胶片外"小的正圆，填充颜色值为#333B43，并在其变换属性中将位置设为0，这样椭圆便位于画面中心，其中心点也是圆的中心，修改其名字为"胶片内"（图 6-49、图 6-50）。

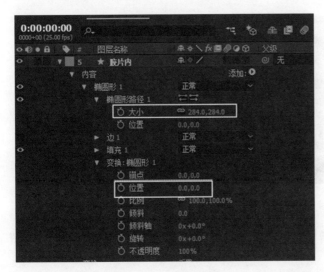

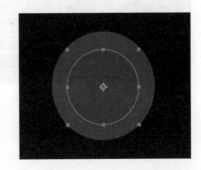

图 6-49　椭圆参数　　　　　　　图 6-50　正圆"胶片内"

③按住"Shift"键再次绘制一个比"胶片外"大的正圆，填充颜色值为#777777，并在其变换属性中将位置设为0，这样椭圆便位于画面中心，其中心点也是圆的中心，修改其名字为"外圆"（图 6-51、图 6-52）。

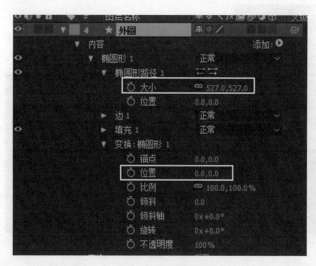

图 6-51 外圆参数

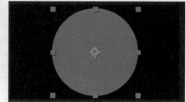

图 6-52 外圆

接着绘制其镂空的效果。绘制一个较小的正圆,命名为"外圆镂空",并把其位置移动到最大的那个圆靠近边缘处,把其中心点改为画面的中心点(图 6-53、图 6-54)。

图 6-53 外圆镂空参数

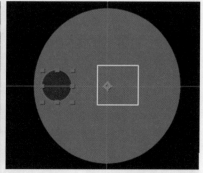

图 6-54 正圆"外圆镂空"

展开"外圆镂空"图层,给其增加一个"中继器",具体参数与结果如图 6-55、图 6-56 所示。

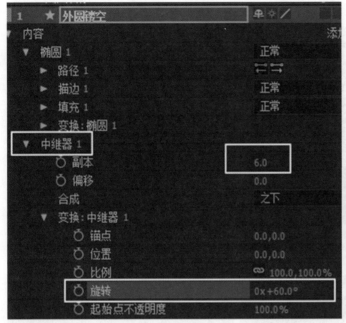

图6-55 中继器

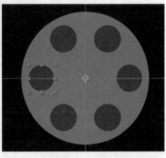

图6-56 外形

确保"外圆镂空"图层下是"外圆"图层，点击轨道蒙版，在展开的属性中选择"Alpha 反转"（即本层的显示效果由上一层的 Alpha 值决定），如图6-57、图6-58所示。

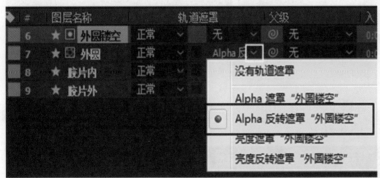

图6-57 轨道蒙版

图6-58 外形

④用同样的方法绘制"内圆"（图6-59、图6-60）。

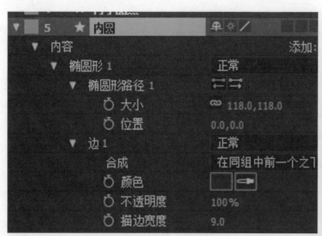

图 6 – 59　内圆参数

图 6 – 60　内圆

⑤绘制一个小圆，用中继器绘制内圆上的小圆，如图 6 – 61、图 6 – 62 所示。

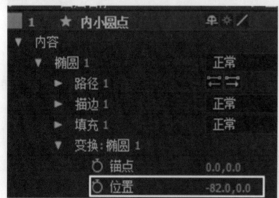

图 6 – 61　内小圆点

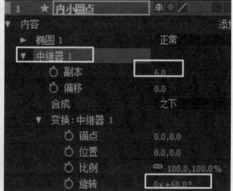

图 6 – 62　中继器

小圆与大圆应该有一些错位，可在图层的变化属性中旋转图层，让其与镂空的圆有一些错位效果（图 6 – 63、图 6 – 64）。

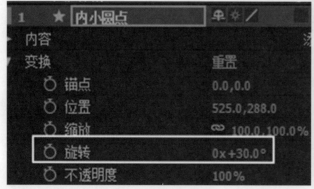

图 6 – 63　旋转内小圆点

图 6 – 64　外形

（2）制作胶片的旋转动画。在本案例中，我们希望能表现胶片快速旋转的效果，如何表现其运动速度比较快呢？一方面可以通过调整其旋转的速度达到，另一方面可以使用预备动作来达到。

①胶片图层比较多，如果单独给其旋转，再调整，会比较烦琐，一般可以选择所有的图层，把这些图层打包成一个预合成来达到简化动画的目的，也可以通过建立空白对象，用父子关系来做。所谓父子关系，便是子图层受到父图层的影响，父图层改变，子图层也得改变，但子图层变化不影响父图层变化。

新建立一个空白对象，命名为"旋转"，用空白对象来做父对象，引导胶片层的运动（图6-65）。

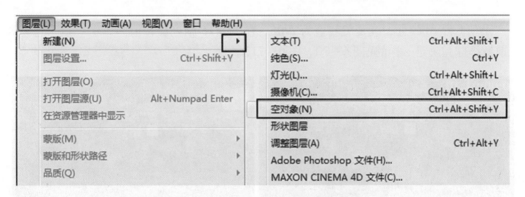

图6-65　建立空对象

②选择除空白对象外的所有图层，点击 ⊙，拖动到旋转图层上，便建立了父子关系（图6-66、图6-67）。

图6-66　建立父子关系　　　　图6-67　层级关系

③给旋转图层做旋转动画（图6-68、图6-69）。在0帧处，打一个关键帧。在10帧处，改变其旋转值为-30°。在这里，我们让它先向相反的方向转，便会使其向正方向转的时候更有力量和动感。

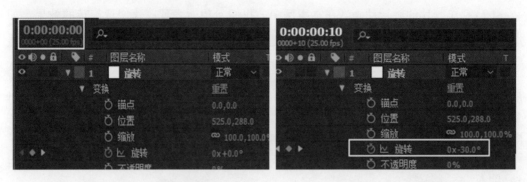

图 6－68　0 帧旋转值　　　　　　　　　图 6－69　10 帧旋转值

④在 1 秒 10 帧处，改变旋转值为 290°，在 1 秒 15 帧处旋转值为 270°。这个道理和之前做小球弹跳是一样的（图 6－70、图 6－71）。

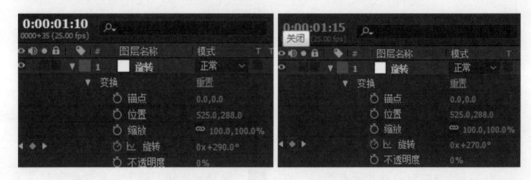

图 6－70　1 秒 10 帧旋转值　　　　　　　图 6－71　1 秒 15 帧旋转值

⑤用同样的方法制作后面的几帧，可以参考小球弹跳的原理，此时关键帧分布如图 6－72 所示。

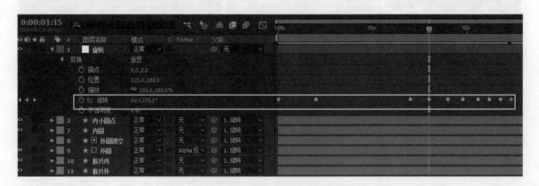

图 6－72　关键帧分布

（3）调整动画曲线，做 MG 动画调整动态曲线是必经的过程。

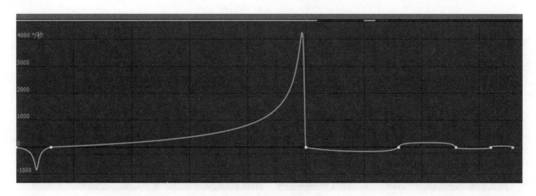
图 6 – 73 曲线

6.5 制作胶片的变形动画

在现实生活中，胶片机一般不会产生变形，但是，在动画里，为了突出效果，可以用夸张的手法进行变形的处理。动画如果完全按照现实形态来展现的话，有可能看上去会显得呆板僵硬。迪士尼公司对夸张的定义，是忠于现实的，将其以更加狂野、更加极端的形式进行展现。

在本案例中，我们将通过调整 AE 里的 CC Bender 效果，增加胶片的变形效果。

（1）新建立一个 1280×720 像素、29.97 帧每秒、4 秒钟长的合成。

（2）用上例方法搭建场景，如图 6 – 74、图 6 – 75 所示。

图 6 – 74 场景搭建

图 6 – 75 图层

（3）制作旋转动画，首先应该有一个预备的向后旋转的动作，在停止时应该有弹回动作。分别在 2 秒、2 秒 08 帧等处打旋转的关键帧，并按"F9"键把其变成柔缓曲线，具体参数和时间如图 6 – 76 所示。

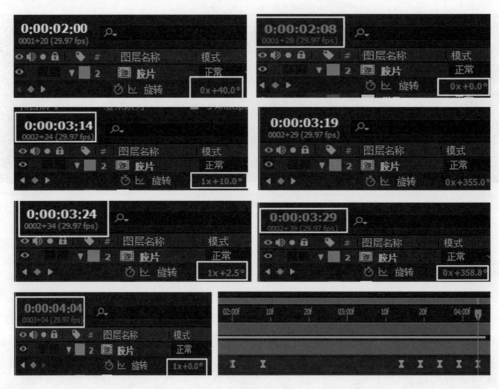

图 6 – 76 关键帧

(4)调整曲线。按照需要的运动效果来调节曲线。

(5)在胶片图层处于被选择状态下，点击菜单下的"扭曲"→"CC Bender"，制作胶片的变形效果(图 6 – 77)。

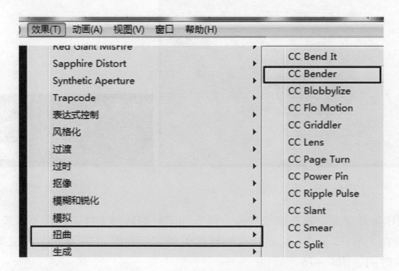

图 6 – 77 增加 CC Bender 效果

①在效果控件窗口中，注意这里"Style"的类型选择"Boxer"（盒子效果，也可以试一下其他的类型）（图6-78）。

图6-78 "Style"的类型选择"Boxer"

②调整"CC Bender"中的Amount数值（该数值影响变形的大小）（图6-79），希望在胶片往前旋转做预备动作时，也有一个往左变形的效果。具体关键帧分别是时间为0:00:02:00时，Amount数值为0；时间为0:00:02:08时，Amount数值为-16；时间为0:00:02:16时，Amount数值为0。

图6-79 调整Amount数值

③制作胶片停止时，胶片往右变形的效果（就像人在向前跑步，急停时因惯性而向前倾）（图6-80）。具体关键帧分别是时间为0:00:03:09时，Amount数值为0；时间为0:00:03:14时，Amount数值为8；时间为0:00:03:19时，Amount数值为0。

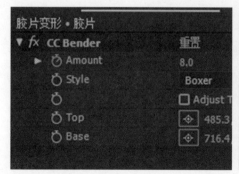  

图6-80 停止动画

④调整曲线，如图 6 - 81 所示。

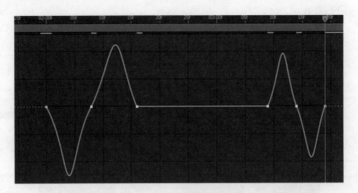

图 6 - 81　曲线形态

7 用蒙版制作徽章出现动画

AE 中的蒙版与 Photoshop 里的蒙版是同一个概念，是在做项目时用得比较广泛的一个功能。

本章通过两个案例介绍使用 AE 中的蒙版功能来制作项目的常用技巧(图 7-1)。

图 7-1 案例

7.1 蒙版

在 AE 中创建蒙版，一种是直接在图层或合成图层上进行操作，另一种便是用轨道蒙版进行操作。下面详细介绍这两种操作方法。

1. 直接在图层或合成图层上建立蒙版

(1)用数字创建矩形或椭圆蒙版。

①在"合成"面板中选择图层，或在"图层"面板中显示图层。

②执行"图层"→"蒙版"→"新建蒙版"命令。新蒙版出现在"合成"面板或"图层"面板中，其手柄位于框架的外边缘，如图 7-2 所示。

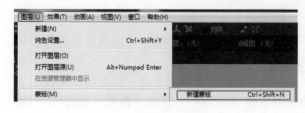

图 7-2 新建蒙版

图 7-3 蒙版形状

③ 执行"图层"→"蒙版"→"蒙版形状"命令，如图 7-3 所示。

④选择"重置为",从"形状"菜单中选择"矩形"或"椭圆",然后指定蒙版定界框的大小和位置,如图7-4所示,而加了该图形的蒙版图层如图7-5所示。

图7-4 "形状"菜单   图7-5 椭圆图形的蒙版

⑤打开图层属性,会发现增加了蒙版的属性,增加蒙版羽化值,如图7-6所示,得到如图7-7所示的效果,这种方法常常用来制作暗角效果。

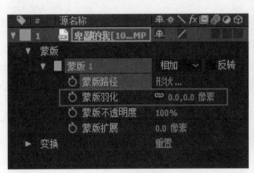

图7-6 蒙版羽化   图7-7 蒙版羽化后的效果

(2)用创建形状和钢笔工具创建蒙版。除了用菜单添加蒙版的方式外,用创建形状和钢笔工具创建蒙版的方式更直观方便。

①在图层或合成被选择的状态下,用 ▣ ✎ 工具进行绘制(需要注意的是,一定要在图层被选择的状态下进行,可通过观察图层是否有锚点去判断)。如果没有选择图层或合成进行绘制,则创建的是新的形状图层。

②选择一个矩形工具进行绘制,可见,矩形所覆盖的范围出现,其他的没有被覆盖的便变成透明的(看不见)了。这就是蒙版最重要的作用——使其透明或不透明(可以在窗口下点击透明按钮 ▣ ▨ 活动摄像机 ▾ ,显示其透明属性),如图7-8所示。

③还可以在合成窗口下方选择是否显示蒙版的形状,如图7-9所示。

图7-8　蒙版与透明　　　　　　　　　　　图7-9　蒙版的显隐

④当添加蒙版后，便可看到在图层属性下增加了蒙版1的属性，展开其属性，可以看到这些内容都可以进行关键帧的操作，如图7-10、图7-11所示。

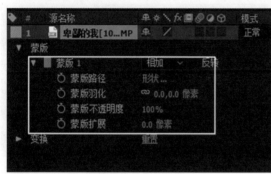

图7-10　蒙版属性　　　　　　　　　　图7-11　蒙版的关系

⑤当添加多个蒙版时，可以选择该蒙版与蒙版的关系，或蒙版是否作用于图层。当选择"无"时，蒙版不起作用；当选择"反转"时，被蒙版蒙住的部分则变成"不透明"。

⑥用椭圆和多边形及星形工具(图7-12)，给该图层添加4个蒙版，每个蒙版都是"相加"模式，其效果如图7-13所示。

图7-12　椭圆工具　　　　　　　　　图7-13　"相加"模式

⑦用钢笔工具绘制蒙版，常常用于非规则图形的创作，或者非规则人或物的选择，也就是扣像，如图 7 - 14 所示。

2. 轨道蒙版

轨道蒙版也称为轨道遮罩，是利用上一层的 Alpha、黑白等属性来影响下一层的透明值的一种方式。

①在合成面板中，拖入"星空"图片，用文字输入"动态图形"几个文字，调整位置、文字字体与大小，如图 7 - 15、图 7 - 16 所示。

图 7 - 14　用钢笔工具绘制蒙版

图 7 - 15　图层

图 7 - 16　显示效果

②点击"转换控制窗格"，展开"轨道蒙版"选项，也可以按"F4"键展开，如图 7 - 17 所示。

图 7 - 17　展开图层

③点击星空图层的"轨道遮罩"项中的"无"，出现了 5 个选项，如图 7 - 18 所示，没有轨道遮罩即不起作用，另外 4 个可看成 2 组，分别用 Alpha 数值及亮度（黑白程度）来决定透明度。

图 7 - 18　轨道蒙版的几种选择

④选择 Alpha 遮罩"动态图形"。星空图层的所有内容，显示与否取决于上一图层即"动态图形"图层的 Alpha 数值（文字图层中，除了文字外，其他都是透明的），如图 7 - 19 所示；如果选择 Alpha 反转遮罩"动态图形"，则"动态图形"图层透明的地方，星空图层则不透明，如图 7 - 20 所示。

图 7 - 19　Alpha 遮罩　　　　　　　　图 7 - 20　Alpha 反转遮罩

⑤需要补充说明的是，轨道蒙版的应用范围很广，同样，遮罩图层也能制作出丰富的动态效果，综合应用会得到精彩的效果。

7.2　用蒙版做一个徽章出现的动画

在动态图形设计中，各大小元素如何出场是日常需要处理的问题。本案例应用蒙版来处理徽章、彩带及字体等元素的出场。动画如图 7 - 21 所示。

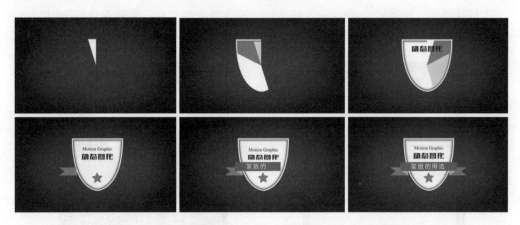

图 7 - 21　徽章出现动画

1. 背景的绘制

本案例的背景是一个中间亮、四角压有暗角的背景，分别用一个纯色图层及一个深色图层实现。

（1）新建立一个 1280 × 720 像素的合成，时间长度为 6 秒钟。

（2）按快捷键"Ctrl＋Y"，建立一个纯色图层，色号为#394283，并命名该图层为"背景"。

（3）按快捷键"Ctrl＋Y"，建立一个纯色图层，色号为#0B0D1B，并命名该图层为"暗角"。

（4）在"暗角"图层被选择的状态下，选择"椭圆"工具，绘制一个椭圆，作为遮罩。打开"暗角"图层的蒙版属性，修改羽化值，并选择相加为"反转"，如图7－22所示，效果如图7－23所示。

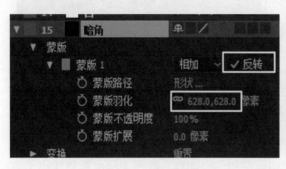
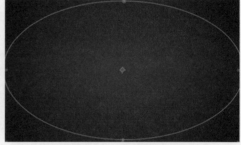

图7－22　暗角绘制　　　　　　　　　　图7－23　呈现效果

（5）一般情况下，我们会选择这两个图层，按"Ctrl＋Shift＋C"组合键进行预合成，并将其命名为"背景"，这样便于后期的管理。

2. 徽章的绘制

下面运用蒙版的方式绘制一个有层次的徽章，它分别由白边、深蓝与浅蓝及白色主体几部分组成。

（1）绘制白边层。

①按快捷键"Ctrl＋Y"，建立一个纯色层，填充色为纯白色，并命名该层为"白"。在合成窗口中，点击"网格和参考线"选项，选择"网格"，把网格调出来，如图7－24所示。

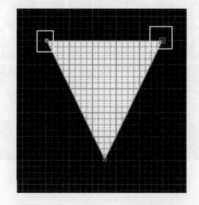

图7－24　显示网格　　　　　　　　　图7－25　用钢笔工具绘制三角形

②用钢笔工具，以网格作为参考绘制一个三角形，如图7－25所示。

③使用钢笔工具下的"转换'顶点'工具"，如图7－26所示；选择三角形上面的两个顶点，结合"Shift"键，拖动三角形的锚点，如图7－27所示。

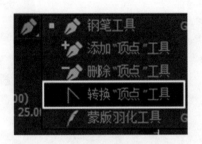

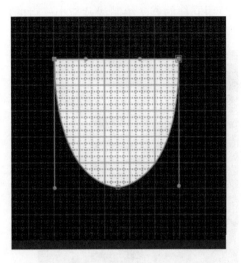

图 7 – 26 转换"顶点" 图 7 – 27 拖动锚点

（2）绘制深蓝边层。

①选择"白"图层，按快捷键"Ctrl + D"复制一层，命名为"深蓝"，便得到与白色层一模一样的图层。

②改变该图层的颜色，可以通过修改图层属性达到，也可以通过给其一个填充效果控件达到目的。在这里我们应用效果控件的方法，方便后期的修改。选中"深蓝"图层，选择菜单中的"效果"→"生成"→"填充"，给图层添加一个填充控件，把填充颜色改为深蓝色，如图 7 – 28 所示。

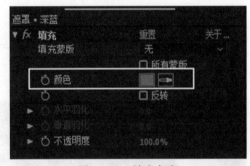

图 7 – 28 填充色彩

③可见，该深蓝图层完全被白图层挡住了，而我们想要的效果是能看到一条白边，因此要缩小深蓝图层的蒙版形状。方法是展开蒙版属性，将蒙版扩展值改为 –8（需要注意的是，应按照自己想要的效果去调整数值），如图 7 – 29 所示，效果如图 7 – 30 所示。

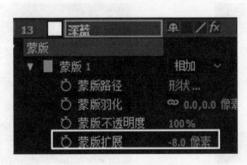

图 7 – 29 缩小蒙版

图 7 – 30 呈现效果

（3）用同样的方法绘制浅蓝与小一点的白色图层，参数如图 7 - 31 所示，效果如图 7 - 32 所示。

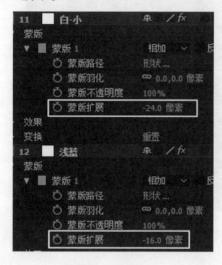

图 7 - 31 缩小蒙版

图 7 - 32 呈现效果

3. 飘带的绘制

飘带是该动画比较重要的元素，可通过空间及色彩上的一些变化，让其变得更形象。

（1）分析飘带。一个完整的飘带，它的上部、转折处以及底部色彩是不一样的，如图 7 - 33、图 7 - 34 所示。

图 7 - 33 飘带外形

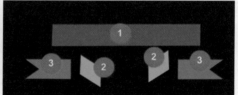

图 7 - 34 拆分飘带

（2）用钢笔工具，结合网格，绘制飘带左边的部分（图 7 - 35）。可结合"Shift"键进行，这样能画出垂直或水平的线。可用转换顶点工具对其节点进行调整。

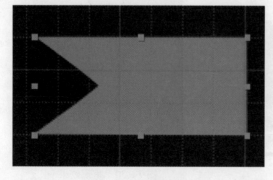

图 7 - 35 绘制飘带

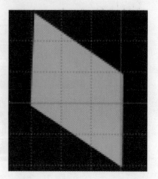

图 7 - 36 绘制飘带

（3）用钢笔工具，结合网格，绘制飘带左边的"转折"部分。可结合"Shift"键进行（图7-36）。

（4）按住"Shift"键选择这两个图层，用快捷键"Ctrl + D"复制两个图层，按快捷键"S"，展开其比例属性，打断其链接，将 X 比例的值改为 -100，如图7-37所示。

图7-37 缩放

（5）用矩形工具绘制飘带上部，最终效果如图7-38所示。

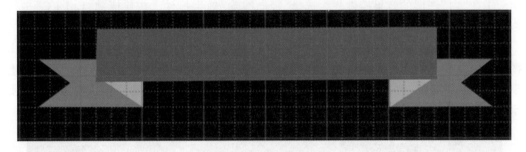

图7-38 绘制飘带

4. 制作徽章的出场动画

在"动态图形设计的时间与节奏"章节中，我们根据时间出现的快慢不同，制作出精彩的效果。本案例用渐向擦除的方法让不同色彩的徽章渐渐出现，给人一种动态变化的效果。

（1）选择"白"图层，选择"效果"→"过渡"→"径向擦除"，这样便给图层增加了一个径向擦除的效果控件。但是图层并没有什么变化，因为我们没有改变擦除的数值。把时间轴移动到0帧，将过渡完成值改为0，在第15帧处，把该数值改为100，如图7-39、图7-40所示。效果如图7-41所示。

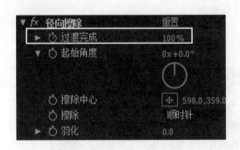

图7-39 径向擦除关键帧设置

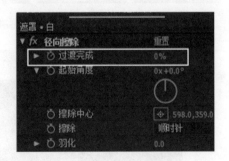

图7-40 径向擦除关键帧设置

图 7 - 41　呈现效果

（2）制作"深蓝"图层的出场效果。因为这个图层的效果和"白"图层基本一致，只是出现的时间不一样罢了，所以只要复制"白"图层效果，调整关键帧的时间即可。

①在"白"图层的效果控件栏，选择"径向擦除"效果控件，按快捷键"Ctrl + C"进行复制。

②选择"深蓝"图层，按快捷键"Ctrl + V"，粘贴效果到该图层。为了确保该图层出场时间比"白"图层晚，要调整关键帧的时间。在该图层被选择的情况下，按"U"键便出现该图层的关键帧，选择两个关键帧，移动首个关键帧到第 3 帧的位置，如图 7 - 42 所示，效果如图 7 - 43 所示。

图 7 - 42　移动关键帧位置

图 7 - 43　呈现效果

（3）用同样的方法制作出"浅蓝"图层与"白 - 小"图层的效果，其关键帧如图 7 - 44 所示。

图 7 - 44　关键帧

5. 飘带出场动画的制作

本案例中，我们让飘带比徽章晚 16 帧出场，并且让它从左到右逐一出现。需要注意的是，左边飘带转折处的出现方式是从右到左的。

（1）选择左边的彩带图层（一定要确定该图层处于被选择的状态），用矩形工具在飘带旁边绘制一个矩形，如图 7 - 45 所示。

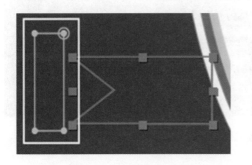

图 7 - 45　蒙版形状

图 7 - 46　蒙版放大

（2）展开蒙版属性，点击"蒙版路径"前的按钮创建一个关键帧，把时间帧移动到 1 秒钟处，用"选择"工具改变蒙版路径的形状，如图 7 - 46 所示。

（3）可以看到，彩带左边便从左到右慢慢地显示出来，按快捷键"F9"选择关键帧，让其产生缓入缓出的动态效果，效果如图 7 - 47 所示。

图 7 - 47　缓入缓出的动态效果

（4）转折处，首先在 1 秒钟处，在其右边绘制一个宽为 0，但比转折形状高的矩形，并打一个关键帧，在 1 秒 07 帧处，改变其大小，让其包含全部绘制的转折图形，如图 7 - 48～图 7 - 50 所示。

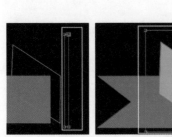

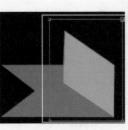

图 7 - 48　　图 7 - 49　放大蒙版　　　　　图 7 - 50　关键帧
宽为 0 的蒙版

由此便制作出飘带左边转折处由右至左出现的动态效果。

（5）同理制作飘带其他部分的效果，其时间轴上的关键帧如图 7 - 51 所示（注意，为了制作连续的效果，上一部分的结束时间便是下一部分的开始时间）。

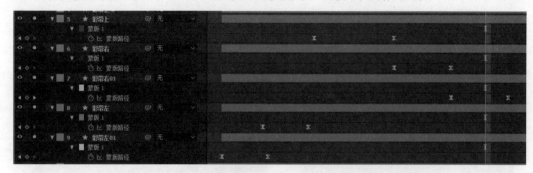

图 7 - 51　关键帧与图层布局

6. 制作文字"Motion Graphic"出场效果

我们常常看到文字在图形中渐渐出现的效果，本案例的效果便是文字在徽章从上至下出现。下面介绍实现的方法。

（1）用文字工具输入文字"Motion Graphic 动态图形"，通过改变字体与字号，让中文大一些，英文小一些，得到一个有轻重、有主次的标题，如图 7 - 52 所示。

图 7 - 52　文字　　　　　　　　　　　　图 7 - 53　创建轨道蒙版

（2）创建轨道蒙版。在没有选择任何图层的情况下，用矩形工具绘制一个矩形，位置在"Motion Graphic 动态图形"落版的位置，大小比文字大一些便可，将该图层命名为"MG 轨道蒙版"，如图 7 - 53 所示。

（3）应用轨道蒙版。点击"Motion Graphic 动态图形"文字图层，选择"Alpha 遮罩 MG 轨道蒙版"为其轨道蒙版层（图 7 - 54）。

图 7 - 54　轨道蒙版

(4)制作文字动画效果。让文字从上移动到下面，再往上移动一些，具体的实现办法便是为其位移的 Y 轴打多个关键帧(图7-55)。前面述及了具体的方法，这里不同的是，应用了轨道蒙版，产生比较奇特的效果。

图7-55　关键帧

7. 制作文字"蒙版的用法"出场效果

"蒙版的用法"几个字的出现相当于整个动态效果的定版(图7-56)，因此我们希望这些文字随着飘带的出现而出现，在这里运用文字的位移属性与轨道蒙版进行制作。

(1)用文字工具 T 输入"蒙版的用法"，调整其字体、字号及位置，如图7-57所示。

图7-56　输入文字

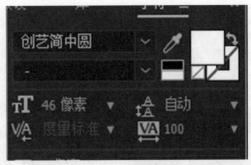

图7-57　调整属性

(2)选择"彩带上"图层，按快捷键"Ctrl+D"复制一层，移动到"蒙版的用法"文字图层上方，因为我们希望文字出现在有飘带的地方，因此把复制的图层作为"蒙版的用法"文字图层的轨道蒙版，如图7-58所示。

图7-58　轨道蒙版

(3)制作"蒙版的用法"文字的动画效果。

①展开文字图层，找到"文本"属性右边的"动画"旁边的三角形，点击；在出现的菜单中，选择"位置"，如图7-59所示。

图7-59　文字位置动画

②在文字图层的文本属性下多了一个"动画制作工具1"属性，我们想让文字图层一开始出现在画面的右边，之后再移动到之前的定版位置，因此需要在1秒10帧处，让其处于飘带的右下方，在2秒钟处，让其位置归0，即在定版位置打两个关键帧，如图7-60、图7-61所示。

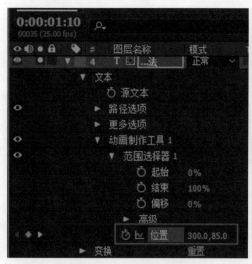

图7-60　1秒10帧处

图7-61　2秒钟处

③在此看到文字全部一起出现，不是很美观，用"范围选择器"便能让文字逐一出现，这样更活泼一些。首先在1秒10帧处，范围选择器起始值为0；在2秒钟处，范围选择器起始值为100。通过选择器让文字逐一发生位置变化，如图7-62所示。

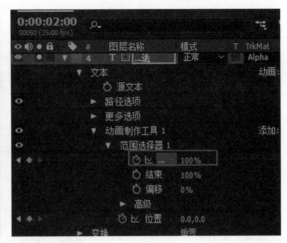

图 7 – 62　范围选择器

④效果如图 7 – 63 所示。

图 7 – 63　文字运动动画

8 手游《阴阳师》开场动画制作

《阴阳师》是中国网易移动游戏公司自主研发的 3D 日式和风回合制角色扮演游戏（role-playing game，RPG）。

游戏中的和风元素是以《源氏物语》中的日本平安时代为背景设计的。游戏剧情以日本平安时代为背景，讲述了阴阳师安倍晴明于人鬼交织的阴阳两界中，探寻自身记忆的故事。《阴阳师》唯美的和风画面配上水墨渲染，给人非常独特的游戏画面感受。游戏玩法重在卡牌的收集和玩家与环境对战（player VS environment，PVE）对战，游戏中的技能释放效果也是一大亮点。

《阴阳师》以漂亮的画面与动听的音乐吸引了大量的游戏玩家，游戏的开场动画同样引起观众的喜爱。仔细分析该动画，发现其应用了 AE 中的 3D 图层、粒子、蒙版等功能，特别是水墨风格的蒙版应用，使得画面具有古风水墨感，如图 8-1 所示。

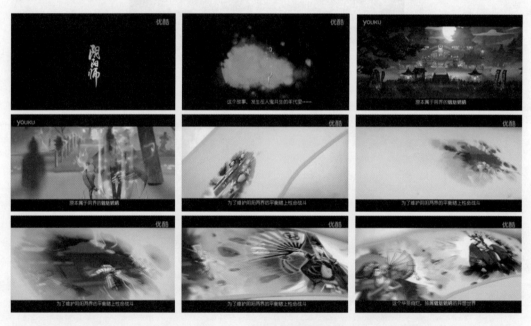

图 8-1 《阴阳师》和风片头

同样，电视剧《射雕英雄传》2017 版的片头也应用了水墨润染蒙版的形式，主要人物的出现并不是直接跳出来的，而是随着水墨的扩散渐渐显现出来，周围仍然是其他景物或渲染氛围的元素，给片头增加了浓浓的武侠气质，如图 8-2 所示。

图 8 – 2 《射雕英雄传》2017 版的片头

本章通过使用 AE 中的轨道蒙版功能、3D 图层及摄像机的运动等来制作《阴阳师》的部分镜头的案例，介绍蒙版常用技巧、3D 图层及摄像机的运动的基本使用技巧。

8.1 3D 图层

AE 不是类似 3D MAX、MAYA、C4D 那样的三维软件，但 AE 也有 3D 图层，是空间上存在的三维图层，虽然没有厚度，但可以有景深的透视变化。当把图层的三维属性打开后，会增加图层参数，包括位置 Z 轴，定位点 Z 轴，X 轴、Y 轴、Z 轴旋转，质感属性等。质感用来调整图层的光影参数(图 8 – 3)。

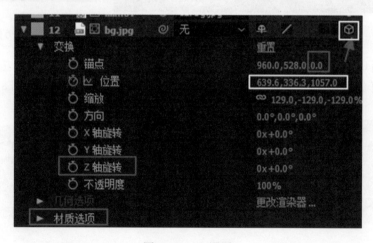

图 8 – 3　3D 图层

下面用创建四个素材的三维图层围绕成一个正方体的案例来介绍三维图层的操作。

1. 搭建正方体

（1）新建一个 1280×720 像素、6 秒钟长的合成。

（2）用矩形工具，按住"Shift"键绘制一个正方形，用锚点工具修改中心点到正方体的右侧中点（图 8-4、图 8-5）。

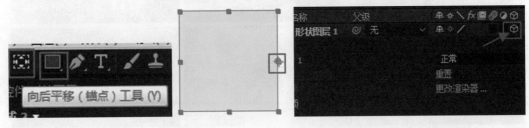

图 8-4　矩形　　　　　图 8-5　中心点　　　　　图 8-6　打开三维属性

（3）选择刚才绘制的形状图层，点击图层右侧的 3D 图层属性。如图 8-6 所示，修改绘制的形状图层 1 名称为 01。

（4）复制 01 图层，得到 02 图层，按"R"键，打开旋转属性，Y 轴旋转 -90°（图 8-7），得到立方体的右侧面（图 8-8）。

图 8-7　旋转 Y 轴　　　　　　　　图 8-8　立方体右侧面

（5）复制 01 图层，得到 03 图层，用锚点工具修改中心点到正方体的左侧中点；按"R"键，打开旋转属性，Y 轴旋转 90°，得到立方体的左侧面（图 8-9～图 8-11）。

图 8-9　改变中心点　　　　图 8-10　旋转 Y 轴　　　　图 8-11　立方体的
　　　　　　　　　　　　　　　　　　　　　　　　　　　　　左侧面

（6）复制 01 图层，得到 04 图层，用锚点工具修改中心点到正方体的底侧中点；按

"R"键，打开旋转属性，X轴旋转90°，得到立方体的底部面（图8–12、图8–13）。

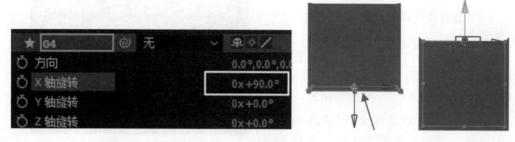

图8–12　旋转X轴　　　　　图8–13　立方体的　　图8–14　立方体底部面　　　的顶部面

（7）复制01图层，得到05图层，用锚点工具修改中心点到正方体的顶部中点；按"R"键，打开旋转属性，X轴旋转$-90°$，得到立方体的顶部面（图8–14）。

（8）复制02图层（立方体右侧图层），得到06图层；点击合成窗口的"活动摄像机"，选择"右侧"，即右视图，用锚点工具修改中心点到正方体的左侧中点；按"R"键，打开旋转属性，Y轴旋转180°，得到立方体的正面（图8–15～图8–17）。

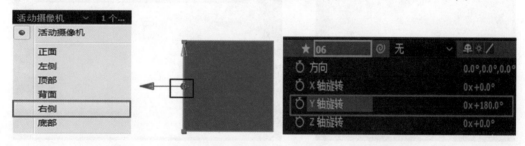

图8–15　打开右视图　　图8–16　修改中心点　　　　图8–17　旋转Y轴

（9）立方体做好了，可是色彩都是一样的，不易分辨，因此我们可以给每层用不同的相近色，或打一个灯光，让所有图层接受灯光的照射（图8–18）。因受光照远近距离不同，会产生明显的色彩和明暗关系。

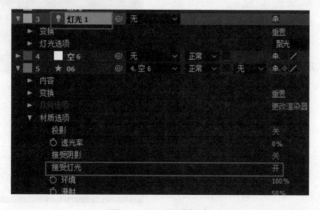

图8–18　接受灯光

2. 制作背景

我们希望在该案例中制作一个中间亮、四周稍暗并且有地面与背景墙的一个背景层。

（1）新建一个白色的纯色图层，命名该图层为"地面"，执行"效果"→"生成"→"梯度渐变"命令，给该命令图层一个梯度渐变的效果。改变梯度渐变的起始颜色为白色，结束色彩为灰蓝色，色号为#668388（图 8 –19）。

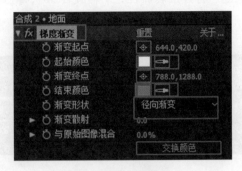

图 8 –19　梯度渐变

改变颜色的起始与结束位置点，在合成窗口中，找到这两点，移动到想要的位置即可，如图 8 –20 所示。

图 8 –20　渐变的起始与结束位置点

图 8 –21　背景色层

（2）复制地面图层，命名为"背景色"。因为要把地面显示出来，所以要把图层的地面部分隐藏，用矩形工具绘制一个矩形蒙版，如图 8 –21 所示。

（3）修改梯度渐变的颜色，起始为亮一些的灰蓝色 # C3E8EF，结束色为#668388；调整开始与结束的位置，如图 8 –22 所示。注意地面与背景色两层在明度与色相上要有所区别，但又要统一在灰的蓝调里。

3. 制作动画效果

下面创建空白对象图层来引导盒子的移动与旋转。

（1）运用组合键"Ctrl + Alt + Shift + Y"建立一个空白对象，并打开空白对象的 3D

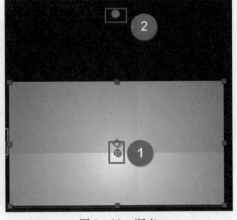

图 8 –22　渐变

属性(图8-23)。

图8-23 空白对象

(2)调整空白对象的位置,让其位于立方体的中心,注意从正视图上看处于中心,在顶视图上也要处于空间上的中心点(图8-24、图8-25)。

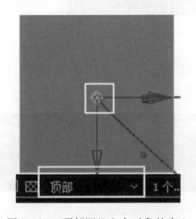

图8-24 顶部调整空白对象的中心

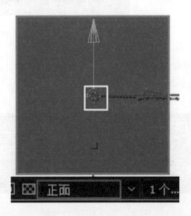

图8-25 正面调整

(3)建立父子关系。选择01~06图层,即立方体图层,选择空白对象图层为父级(图8-26)。

(4)给空白对象做从左入画,并旋转的动画。

①在0帧处,把空白对象移动到画面左边,即舞台外,并分别为X轴、Y轴、Z轴打个关键帧(图8-27)。

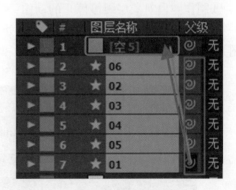

图8-26 父子关系

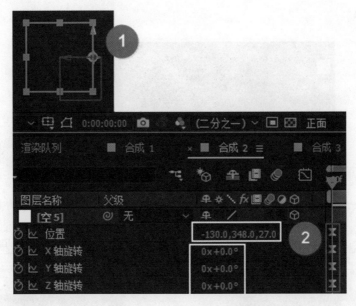

图 8-27 X、Y、Z 轴打关键帧

②时间轴移动到 3 秒处，让空白对象移动到画面的中心处，并让其各旋转一圈（图 8-28）。

图 8-28 旋转关键帧

图 8-29 缓慢停止

③制作空白对象层缓慢停止的动作，当空白对象移动到画面中心时，让它继续缓慢动一下，再停止。把时间轴移动到 5 秒处，让空白对象向前移动，并让其做一些旋转（图 8-29）。

④调整曲线，缓入，缓出，如图 8-30 所示。

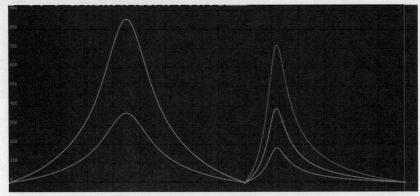

图 8-30 曲线

（5）效果如图 8 - 31 所示。

图 8 - 31　立方体动画

8.2　摄像机

在 AE 中，我们常常需要运用一个或多个摄像机来创造空间场景、观看合成空间，摄像机工具不仅可以模拟真实摄像机的光学特性，更能超越真实摄像机在现实中受到三脚架、重力等条件的制约，在空间中任意移动。通过摄像机，可以从不同角度和距离观察 3D 图层。在未建立摄像机之前，AE 存在一个默认的摄像机。下面介绍摄像机的创建和设置。

1. 摄像机参数设置对话框

选择"菜单图层"→"新建"→"摄像机"，或者按快捷键"Ctrl + Shift + Alt + C"，即可打开一个摄像机参数设置对话框，如图 8 - 32 所示。

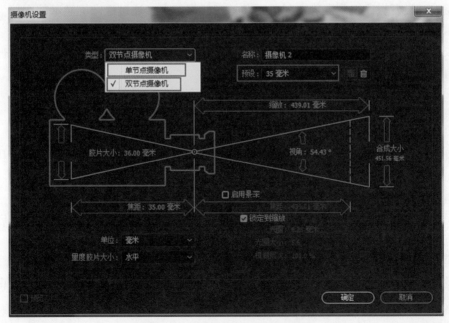

图 8 - 32　摄像机参数设置对话框

摄像机参数设置对话框的重要参数解释如下。

类型：指摄像机的类型，有两个选项，分别是单节点摄像机（只有一个控制摄像机位置的节点）、双节点摄像机（有控制摄像机位置和被拍摄目标点的位置两个节点）。

名称：可修改摄像机的名称，当场景有多部摄像机时，命名便于管理。

预设：摄像机预置，在这个下拉菜单里提供了 9 种常见的摄像机镜头，包括标准的 35 mm 镜头、15 mm 广角镜头、200 mm 长焦镜头以及自定义镜头等。35 mm 标准镜头的视角类似于人眼。15 mm 广角镜头有极大的视野范围，类似于鹰眼观察空间，由于视野范围极大，看到的空间很广阔，但是会产生空间透视变形。200 mm 长镜头可以将远处的对象拉近，视野范围也随之变小，只能观察到较小的空间，但是几乎不会出现变形的情况（图 8 – 33、图 8 – 34）。

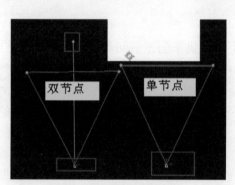

图 8 – 33　摄像机的类型

图 8 – 34　摄像机预设

缩放：设置摄像机到图像之间的距离，缩放值越大，通过摄像机显示的图层大小就越大，视野范围也越小。

胶片大小：胶片尺寸，指的是通过镜头看到的图像实际的大小，值越大，视野越大；值越小，视野越小。

视角：视角位置，角度越大，视野越宽；角度越小，视角越窄。

焦距：焦距设置，指胶片与镜头距离，焦距短，产生广角效果；焦距长，产生长焦效果。

景深：是否启用景深功能，配合焦点距离（focus distance）、光圈（aperture）、快门速度（shutter speed）和模糊程度（blur level）参数来使用。

焦距：焦点距离，确定从摄像机开始，到图像最清晰位置的距离。

光圈：光圈大小，在 AE 里，光圈与曝光没关系，仅影响景深，值越大，前后图像清晰范围就越小。

模糊层次：控制景深模糊程度，值越大越模糊。

量度胶片大小：可改变胶片尺寸（film size）的基准方向，包括水平（horizontally）方向、垂直（vertically）方向和对角线（diagonally）方向三个选项。

2. 摄像机选项

展开"摄像机"图层，可看到"摄像机"图层的许多属性与参数，常见的如下：

（1）变换。

展开变换，有"位置"与X轴、Y轴、Z轴的旋转外，还有"目标点"与"方向"几个选项（图8-35、图8-36）。

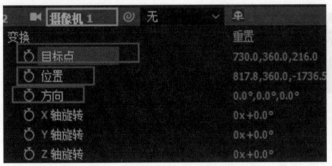

图8-35 变换

图8-36 自动方向

目标点，也称为兴趣点，相当于摄像机的指向，按组合键"Ctrl + Alt + O"弹出"兴趣点"对话框，选择"关"和选择"沿路径定向"效果没有区别，意思就是不进行自动定向。这样，摄像机就可以像真实的相机那样移动，镜头指到什么地方就照射什么地方，选择这个选项后目标点将不能做关键帧。

（2）摄像机选项。

展开"摄像机选项"（图8-37），可以看到，有些在新建摄像机时便可调节的参数在这里再次出现。选项中的每个数值都可以打关键帧。

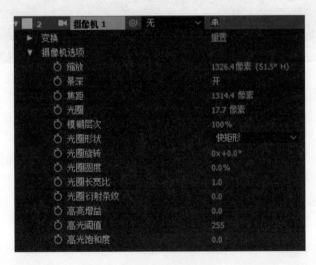

图8-37 摄像机选项

（3）摄像机在合成窗口中的操作。

当我们要在场景中模仿现实摄像机的推、拉、摇、移等操作时，可通过工具栏"摄像机"下的工具进行，如图 8-38 所示。也可按"C"键来切换各种控制方式。我们常常在观察的时候用这样的方式进行，但在具体的项目制作中，制作摄像机的运动动画，一般用一个空白对象与摄像机建立父子关系，让空白对象引导摄像机的运动，这一点和C4D、MAYA 等三维软件一致。

图 8-38　摄像机工具

3. 给粒子场景打一个摄像机

下面通过给一个粒子场景打一个摄像机的案例来介绍摄像机的一些基础用法。

（1）打开提供的粒子1文件，这是用 Trapcode Particular 制作的一个粒子场景，如图 8-39 所示。

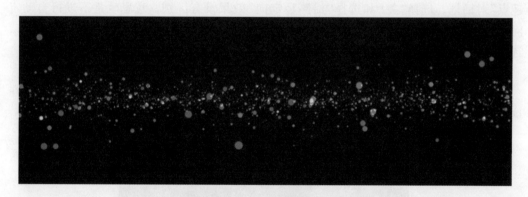

图 8-39　粒子场景

（2）为场景增加一个摄像机，用组合键"Ctrl + Alt + Shift + C"创建一个 24 mm 的摄像机。

（3）按"P"键，为摄像机打一个关键帧，让它在 Z 轴向前运动，相当于推镜头。0 帧的 Z 轴数值为 -853，5 秒处为 -100，便得到一段摄像机在粒子中穿梭的视频。

（4）在"摄像机选项"下，打开景深效果（图 8-40），调整焦距与光圈的数值，得到的效果如图 8-41 所示。

图 8-40 摄像机选项

图 8-41 粒子部分失焦

（5）给焦距与光圈打关键帧，随着摄像机往前运动，让其在穿梭时，远处的光斑渐渐变得清晰，模糊的粒子渐渐清晰起来（图 8-42、图 8-43）。

图 8-42 5秒焦距与光圈值

图 8-43 摄像机运动中粒子的效果

8.3 用轨道蒙版制作手游《阴阳师》的片头

接下来，我们将应用到轨道蒙版、3D 图层、摄像机运动等功能，完成片头的制作。

1. 定版的制作

在制作该类片头时，定版一般是指影片最后的结尾的版式，结尾处一般会传达较多的信息，所以需要处理的内容也比较多，因此需要合理地安排各元素的位置。

（1）新建立一个 1280×720 像素、8 秒钟长的合成，注意这里合成的背景色彩改为白色（图 8-44）。

113

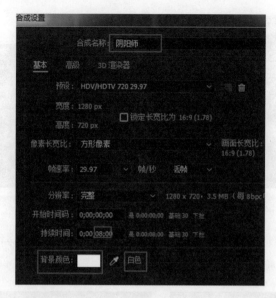

图 8 - 44　合成设置

（2）导入提供的图片素材，如图 8 - 45 所示。

图 8 - 45　素材

（3）调整背景图片的位置，把"bg"放于底层，调整其位置，因为图片相对于合成大一些，可通过修改其比例大小进行调整，注意要在右下边留有一定的空间放置作为"qingmin"图片的位置，如图 8 - 46 所示。

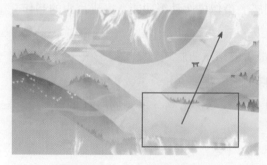

图 8 - 46　留放人物的位置

图 8 - 47　"qingmin"位置

（4）把图片"qingmin"放置到"bg"图层上，并调整其大小及位置，结果如图8-47所示。

（5）把图片"shenle"放置到"qingmin"图层上，并调整其大小及位置，注意让该角色与"qingmin"有一定的间隔，结果如图8-48所示。

图8-48 "shenle"位置

图8-49 "slogon"图层与"logo"位置

（6）把图片标语、口号"slogon"图层与"logo"图层放置到图层上方，并调整其大小及位置，效果如图8-49所示。

（7）为了增加图片的纵深感，以及为之后的摄像机运动服务，我们把这些图层的三维属性打开，让其在空间上有一定的距离。可以直接按快捷键"P"，对其Z轴的位置进行调整，也可以在顶视图中调整其位置，如图8-50所示。这里需要注意的是，当调整Z轴的位置后，由于近大远小的关系，原来调整的大小又不合适了，需要再次调整其比例值。也可以在一开始调整位置时，就把其3D属性打开，一次调好。

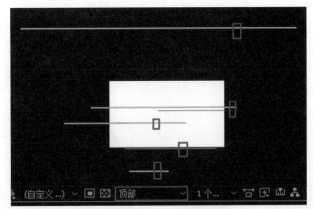
图8-50 顶视图位置

2. 出场动画的制作

下面用水墨的视频来做轨道蒙版，进行动画的制作。

（1）"bg"图层的出场动画制作。

①导入视频"18_h.264.mov"，并把它拖到"bg"图层的上方，观察该视频，是一段由白到黑散开的视频（图8-51）。

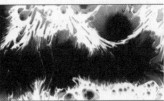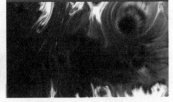
图8-51 视频截图

②选择"bg"图层，在"轨道蒙版"下拉菜单中选择"亮度反转遮罩"，因为我们想要视频暗的部分出现"bg"图层(图 8-52)。

③得到背景图片由中心到上、下两边出现的画面，而且带有水墨的丰富纹理，产生奇妙的效果，如图 8-53 所示。

图 8-52　轨道蒙版

图 8-53　效果

(2)"qingmin"图层的出场动画制作。

①选择"qingmin"图层，我们希望它在背景出现之后才开始出现，因此移动其开始时间到 1 秒 10 帧处。

②改变它的中心点到画面的底部，注意从顶视图观察是否处在 Z 轴的同一空间，如图 8-54 所示。

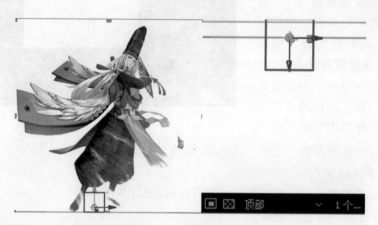

图 8-54　修改中心点

③我们希望角色由底部从小到大变化，因此给其缩放打关键帧。注意，因为这时是3D图层，所以，在进行缩放时在 Z 轴空间的位置也会缩放，给动画增加了一些动感。关键帧如图 8-55 所示。各关键帧数值为 1 秒 11 帧时，缩放值为 0；2 秒时，缩放值为89；2 秒 02 帧时，缩放值为 80；2 秒 04 帧时，缩放值为 89；2 秒 06 帧时，缩放值为80；2 秒 08 帧时，缩放值为 89。在这里也可以调整动画的曲线，增加更多动画的细节。

图 8 - 55　缩放关键帧

④为了让角色出现得更闪耀，配合其位置的关键帧处改变图片的不透明度（图 8 -
56），当图片变大时不透明度增加，当图片变小时透明度增加，得到闪烁的感觉。各关
键帧数值为 1 秒 11 帧时，透明度值为 0；2 秒时，透明度值为 100；2 秒 02 帧时，透明
度值为 11；2 秒 04 帧时，透明度值为 100；2 秒 06 帧时，透明度值为 11；2 秒 08 帧时，
透明度值为 100。

图 8 - 56　透明关键帧

⑤导入视频"1_h. 264. mov"，并把它拖到"qingmin"图层的上方，观察该视频，这同
样是一段由白到黑散开的视频。

⑥选择"qingmin"图层，在"轨道蒙版"下拉菜单中，选择"亮度反转遮罩"，因为我
们想要视频暗的部分显示"qingmin"，因为暗的部分在不断地变化、流动，从而使得
"qingmin"图层出现时，也具有变化与流动感。

⑦因为我们给图片做了变形的动
画，做遮罩视频如果不跟着一起运动，
那么显示的范围不跟随变化，所以需要
打开视频的 3D 开关，并在 0 帧时让其
以"qingmin"图层为"父"级（图 8 - 57）。

图 8 - 57　建立父子关系

⑧得到"qingmin"图层比较梦幻的出场方式，如图 8 - 58 所示。

图 8 - 58　"qingmin"出场方式

（3）"shenle"图层的出场动画制作。

①选择"shenle"图层，我们希望它在背景出现之后才开始出现，因此移动其开始时间到 2 秒 24 帧处。

②改变它的中心点到画面的底部，注意从顶视图观察是否处在 Z 轴的同一空间，如图 8 – 59 所示。

③我们希望角色由底部从小到大地变化，因此给其缩放打关键帧。各关键帧数值为 2 秒 24 帧时，缩放值为 0；3 秒 24 帧时，缩放值为 58；如想动画更有趣，也可以做一些回弹效果，制作方法与前面的是一样的。

④同样地，我们也让这个角色出现的时候有闪烁的效果，可通过改变其不透明度做到，比较简捷的方法是，选择"qingmin"图层的不透明度的关键帧，按快捷键"Ctrl + C"复制；再选择"shenle"图层，按快捷键"Ctrl + V"粘贴。注意，它是粘贴在当前的时间轴位置，可以选择所有的帧，移动至合适的位置，在这里我们希望加快节奏，因此把它往前移了几帧，如图 8 – 60 所示。

图 8 – 59　改变中心点

图 8 – 60　不透明度关键帧

⑤导入视频"7_h. 264. mov"，并把它拖到"shenle"图层的上方。

⑥选择"shenle"图层，在"轨道蒙版"下拉菜单中，选择"亮度反转遮罩"，因为我们想要视频暗的部分显示"shenle"图层，因为暗的部分在不断地变化、流动，从而使得"shenle"图层出现时，也具有变化和流动感。

⑦打开"7_h. 264. mov"视频层的 3D 开关，并在 0 帧时，让其以"shenle"图层为"父"级（图 8 – 61）。

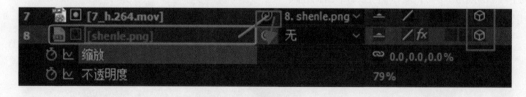

图 8 – 61　建立父子关系

⑧得到"shenle"图层由底部出现，并位于画面较重要位置的效果，如图 8 – 62 所示。

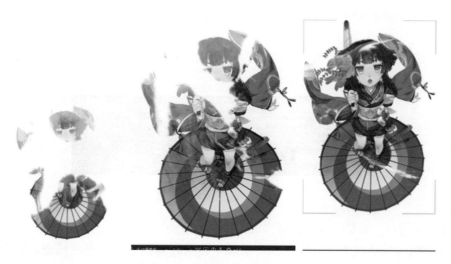

图 8 – 62　"shenle"出现动画

（4）"slogon"图层的出场动画制作。

①导入视频"21 _ h. 264. mov"，并把它拖到"slogon"图层的上方。打开"21 _ h. 264. mov"视频层的 3D 开关。

②选择"slogon"图层，在"轨道蒙版"下拉菜单中，选择"亮度反转遮罩"。

③得到"slogon"如墨水浸染般出现的效果，如图 8 – 63 所示。

图 8 – 63　"slogon"出现

（5）"logo"图层的出场动画制作。

导入视频"5_h. 264. mov"，并把它拖到"logo"图层的上方。用上面讲的方法制作其出场动画。

3. 摄像机的运动

（1）用快捷键"Ctrl + + Alt + Shift + C"新建立一个焦距为 35 mm、双节点的摄像机。

（2）用快捷键"Ctrl + + Alt + Shift + Y"，新建立一个空白对象，并打开空白对象的3D属性。

（3）建立父子关系。选择"摄像机"，并让其以空白对象层为父层，如图8-64所示。

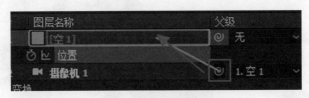

图8-64　建立父子关系

（4）通过空白对象的运动，制作摄像机的运动。

①把时间轴移动到所有元素都出场的6秒处，调整空白对象的位置，即调整其 X 轴、Y 轴、Z 轴值，如图8-65所示。

图8-65　空白对象的位置关键帧

②将时间轴移动到7秒01帧处，让空白对象从左往右移动，并做一个向前推的运动（图8-66）。

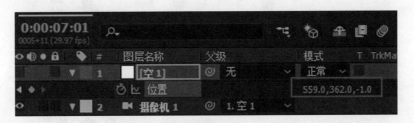

图8-66　空白对象的位置关键帧

③如果想要更真实的三维场景效果，可让空白对象的旋转值发生一些变化，这里让 X 轴旋转值、Y 轴旋转值随着位置的变化，各自进行旋转。

图8-67　空白对象的旋转关键帧

④选择关键帧，按"F9"键，之后进入曲线编辑窗口，进行曲线调节。

4. 成片效果

成片效果如图 8 - 68 所示。

图 8 - 68　成片

9 文字动画

在 MG 图形设计里，文字有着极为重要的作用，它不仅承载着信息传递的功能，而且是创造特效、吸引观众注意的重要手段。使用不同的字体、排版、字体特效，具有不同的含义，如黑体表示庄重、综艺体比较现代等。在 AE 中，设计文字的排版与动态效果，能更好地吸引人的注意力，达到宣传的目的。

AE 有着十分强大的文字动画制作功能，几乎可以满足日常工作中对文字特效的全部需要。下面介绍文字图层各个属性的作用和功能。

9.1 文字的创建与调整

AE 里的文字创建与排版和 Photoshop 里的差不多，这里主要介绍一下方法。

（1）快捷键"Ctrl + T"转换到文字输入状态（连续输入可在横排与直排文字间进行切换），此时在合成窗口中单击便可输入文字了。当然也可以用菜单栏里的文字工具进行操作，如图 9 - 1 所示。

图 9 - 1　文字输入

（2）为了便于编辑，也可以把工作窗口布局切换至"文本"模式，执行"窗口"→"工作区"→"文本"命令（图 9 - 2）。

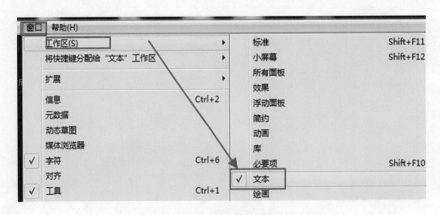

图 9 - 2　文本模式布局

（3）输入文字之后，可以在"字符与段落"面板中调整文字的一些参数（图 9 - 3）。

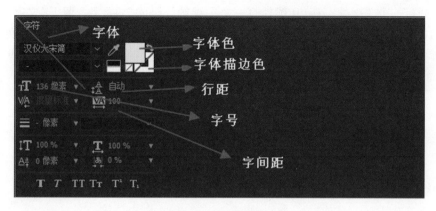

图 9 – 3　文字参数

9.2　文字属性

当创建文字图层后，展开文字层左边的小三角，可看到文字层的所有属性，这是文字最重要的选项，调节这里的参数能制作出丰富的文字动态效果。

点击文字图层的小三角，出现如图 9 – 4 所示的属性。

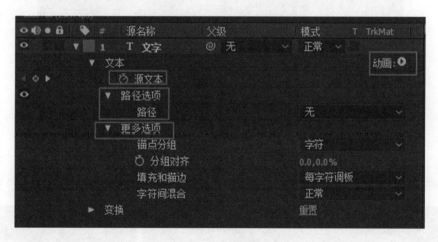

图 9 – 4　图层属性

1. 源文本

源文本的功能在于，当文字图层有多个不同的文字时，通过此关键帧的设置，可以发现它是这个地方出现的关键帧，不是菱形的而是正方形的，这种关键帧被称为静止关键帧（冻结关键帧），就是没有过渡属性的关键帧。到了这个位置，直接发生变化而不会像菱形关键帧那样在两个关键帧之间进行插值变化。

用源文本的属性变化可实现多字幕的快速切换。如输入"文字属性"四个字，分别在 30 帧处打一个关键帧；在 20 帧处打一个关键帧，删除"性"字，留下"文字属"三个字；在 10 帧处打一个关键帧，删除"属性"二字，留下"文字"两个字；在 0 帧处打一个关键帧，删除"字属性"三字，留下"文"字；得到 0～9 帧出现"文"，10～19 帧出现"文字"，以此类推，如图 9－5 所示。

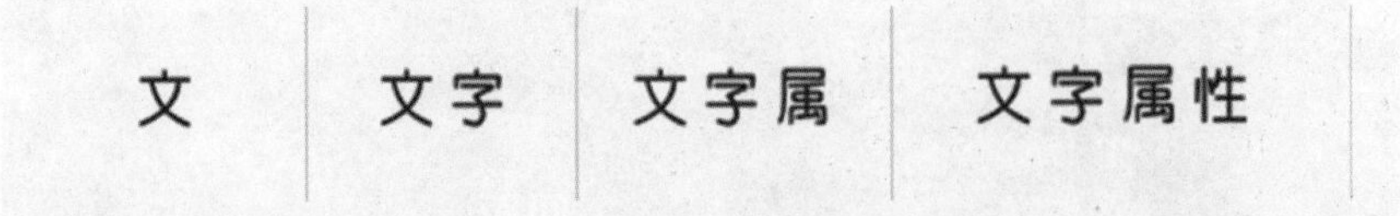

文 | 文字 | 文字属 | 文字属性

图 9－5　源文本

2. 路径选项

在这个选项中，可以制作文字沿路径排布、运动的效果。

①在选择文字图层的情况下画一个蒙版，这里可用路径工具绘制出一个蒙版作为文字的路径，使文字沿路径进行运动，因此需要在蒙版选项中选择"无"（图 9－6）。

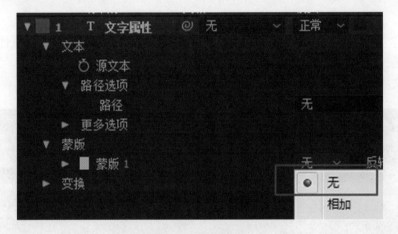

图 9－6　绘制蒙版

②在"路径"选项中，选择文字排布的路径，这里选择"蒙版 1"（图 9－7、图 9－8）。

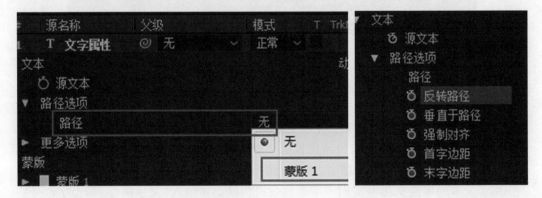

图 9－7　路径选项　　　　　　图 9－8　路径选项

③反转路径时的状态，垂直路径打开时的状态，以及垂直路径关闭时的状态，如图9-9所示。

图9-9　选择路径选项的形态

④强制对齐。使文字的第一个字符到路径的开始点，最后一个字符到路径的结束点，所有字符平均分散在路径的首尾之间。

⑤动画。点击"文本"动画右边的小三角，会出现动画的许多选项。下面将用具体的案例来介绍，如图9-10所示。

图9-10　"文本"动画小三角

3. 案例制作

(1)定版制作。

①新建立一个1080×720像素，帧速率为29.97，8秒钟长的合成。

②导入提供的"小野丽莎.psd"素材，导入所有的图层，并把图层拖到合成中，修改其大小及位置；修改图层0的图层模式为"颜色加深"（排版的时候注意要为文字留出位置，并通过吉他引导观众去看标题文字）（图9-11）。

图9-11　修改图层

③新建一个纯色图层，并填充红色，注意该红色既要与角色的衣服颜色相似，又要有所区别，这里的颜色值是#BE252C，如图9-12所示。

图 9 – 12　背景色

④输入"小野丽莎"四个字，并选择汉仪大宋简字体（配合歌手的歌唱气质，选择稳重而有特点的字体），配合暖色系与吉他的色彩，为主标题配上黄色，具体色号为#FEFA76；注意，调整字间距为 100（图 9 – 13）。

图 9 – 13　字体参数

⑤输入"LOVE FOR YOU"，并选择 Bodoni Bk BT 字体，选择这类字体是因为它是副标题，需要突出，但又不能抢了上面四个字的风头，因此选择了有一些变化和细节的字体，色彩与之前的一致（图 9 – 14、图 9 – 15）。

图 9 – 14　LOVE FOR YOU

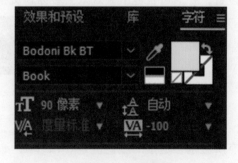

图 9 – 15　字的参数

⑥输入"02.14 上海情人节演唱会"，为了与之前的文字进行区分，这里选择了无衬

线字体，它没有额外的装饰，笔画的粗细差不多，文字虽比标题小，但还是比较醒目，这样做到主次有别，但又让各重要的信息得以传达（图9-16、图9-17）。

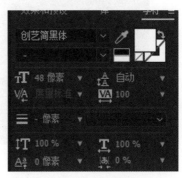

图9-16　文字内容　　　　　　　　　　　图9-17　字的参数

⑦为版式添加细节。纯色的背景略显单调。用椭圆工具绘制一些大小不一的圆，注意这些圆填充的色彩为暖色，但也要与背景区分出来，特别是在图9-18右上角小的圆处增加一些黄色，与标题进行呼应。

图9-18　添加细节　　　　　　　　　　图9-19　动画的选项

（2）"小野丽莎"文字图层动画制作。

①选择图层，展开文本属性（图9-19），点击右侧"动画"旁边的小三角，展开动画的选项，可以看到这里共有6组选项，这些都可以作为文字动态的变化属性。比如，想让文字在位移的过程中，由透明到不透明，便添加位置与不透明度属性即可。

②在出现的菜单中，选择"位置"，如图9－20所示。

图9－20　位置

③在文字图层，便增加了动画制作工具1的属性。在它下面的位置属性给其打两个关键帧，0帧位置让其 Y 轴往画面的顶部移动，在1秒位置处于定版的位置，如图9－21、图9－22所示。

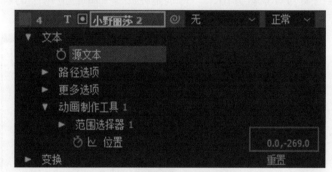

图9－21　位置属性参数　　　　　　　　　　　图9－22　位置属性参数

④这时可以看到文字从上到下移动，但是所有文字是一起移动的，而我们希望文字是一个一个移动下来的，这便需要使用范围选择器。展开"范围选择器"，在这里让位置变化处于0～100的范围，即起始关键帧为0，结束时位置变化影响为0，1秒时的起始值为100（因为起始与结束都是100，便不会影响），如图9－23、图9－24所示。

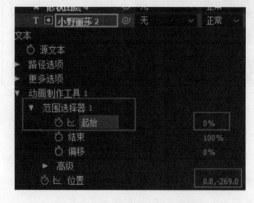
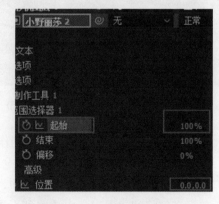

图9－23　范围选择关键帧　　　　　　　　　　图9－24　范围选择关键帧

⑤调整一些细节，可以展开"高级"，这里便是对动画的一些运动的细节调整。一般来说，形状里的选项会影响到文字的选择的状态，常用的是平滑或圆形（图9-25、图9-26）。

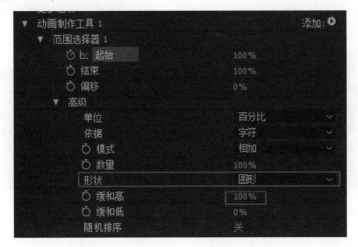

图9-25 高级选项

图9-26 图形

⑥调整运动曲线。选择所有关键帧按"F9"键，之后进入"曲线编辑器"中，调整成缓入缓出动态效果（图9-27）。

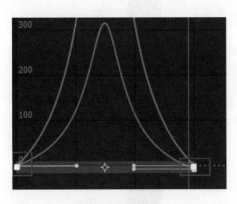

图9-27 曲线

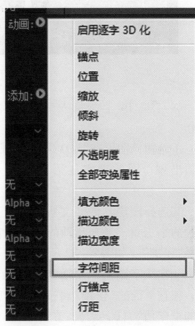

图9-28 字符间距

（3）"LOVE FOR YOU"文字图层动画制作。

①希望该图层在"小野丽莎"文字图层出现后再出现，因此把它往后移动1秒，即1秒后才出现。

②选择图层，展开文本属性，点击右侧"动画"旁边的小三角，展开动画的选项，在出现的菜单中，选择"字符间距"，如图9－28所示。字符间距，即改变字之间距离的选项。在这里我们希望做一个一开始字离得很远，之后向中心靠近的动态效果。

③在文字图层便增加了动画制作工具1的属性。在它下面的字符间距属性给其打两个关键帧，1秒0帧的字符间距大小为471，在2秒处字符间距大小为0，如图9－29所示。

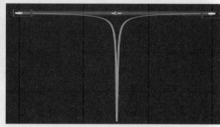

图9－29　字符间距数值　　　　　　　　图9－30　曲线

④调整运动曲线，也是希望有开始慢到快再慢慢停止的运动节奏（图9－30）。

⑤单独显示该图层，效果如图9－31所示。

图9－31　文字运动

（4）"02.14上海情人节演唱会"文字图层动画制作。

①希望该图层在"LOVE FOR YOU"文字图层出现后再出现，因此把它往后移动1秒，即2秒后才出现。

②选择图层，展开文本属性，点击右侧"动画"旁边的小三角，展开动画的选项，在出现的菜单中，选择"模糊"，如图9－32所示。

③在文字图层，便增加了动画制作工具1的属性，在它下面的"模糊"属性，给其打两个关键帧，2秒的模糊值为（0，52），在3秒处模糊值为（0，0），如图9－33所示。

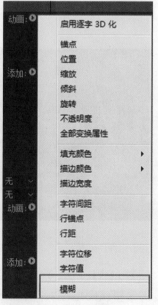

图9－32　模糊

图 9 – 33　模糊关键帧

④此时得到的效果如图 9 – 34 所示，文字由模糊变清晰是所有的一起变的，若想让其从左到右一个字一个字地变清晰，则需要给该文字层的"范围选择器 1"的"起始"选项打上关键帧，在 2 秒处范围选择器的开始值为 0，3 秒处为 100（图 9 – 35）。

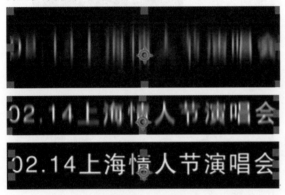

图 9 – 34　模糊效果

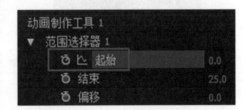

图 9 – 35　范围选择器

⑤如果觉得效果还不是特别满意，可继续增加字体间距，填充颜色等效果，如图 9 – 36所示，最后调整运动曲线，希望有开始慢到快，再慢慢停止的运动节奏。

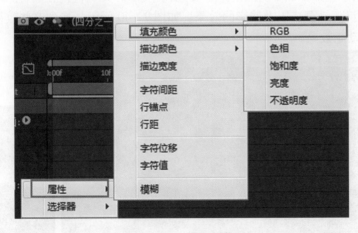

图 9 – 36　填充颜色

⑥单独显示该图层，效果如图9-37所示。

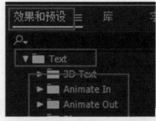

图9-37　效果

9.3　自带文字特效

AE内置了许多文字特效，如果能合理应用，就能取得不俗的效果（图9-38）。

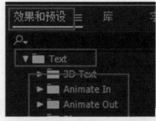

图9-38　自带文字特效

1. 添加效果

选择要添加的文字图层，打开"效果预设"面板，找到"Text"下的字体预设特设，把它直接拖到文字上，双击鼠标即可。如图9-39中，便是添加了"下雨字符入"效果的结果。

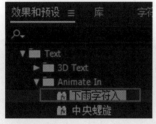

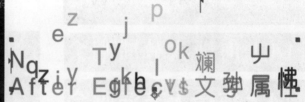

图9-39　"下雨字符入"效果

2. 修改效果

如果想修改添加的效果的时间等数值，可展开文字图层的"文本"属性与"效果控件"面板修改效果。如添加了"下雨字符入"预设效果的文字，则在"图层属性"面板中，可看到"字符位移"动画，以及残影的效果。如图9-40所示。找到这些效果，修改其参数便可修改其动画效果。

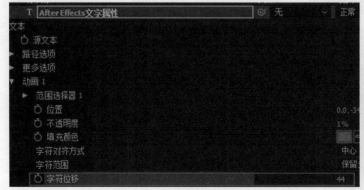

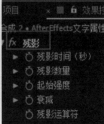

图9-40　修改动画效果

一般来说，常常需要修改的是时间节奏，觉得预设的效果完成时间太长或太短，都可以通过调节关键帧在时间轴上的位置来完成。可按快捷键"UU"快速打开在该图层的关键帧（图9-41）。

图9-41 快速打开该图层的关键帧

如果还想在预设效果上完善效果，也是可以的，如添加了"下雨字符入"预设效果的文字，也可添加颜色的变化，会取得更丰富的效果（图9-42）。

图9-42 添加颜色变化

第三部分 综合案例制作实例

经过前面两部分的学习，我们已经掌握了 MG 图形制作的基本技巧与方法。在接下来的部分，我们将利用一些插件进行具体的项目制作，以进一步提高工作效率与制作水平。

10 影视片头制作

我们现在常见的片头出现在 20 世纪 80 年代，它的作用是列出重要制作成员名单（所以片头也称为"opening credits"，即片头字幕），它常出现在影片的开始。近年来，也有一些影视作品将片头放在内容播出大概 5 分钟之后播出（如《行尸走肉》），给人以悬念。除了展示导演、主要演员名单等重要内容外，片头还有一个重要的作用便是"身份识别"，一方面让观众在众多的影片中，通过固定的片头，识别出该影片，从影片的气质中进入影片的情境里；另一方面，如果是有很多集的剧情片，用片头来保持前后一致的整体风格和感觉，是一种非常有效的手段，特别是片头往往会配有主题音乐（片头曲等）、主题旋律，更是"身份识别"的绝佳搭配组合。

《真探》是 HBO 电视网（Home Box Office，HBO）于 2014 年初推出的一部当代黑色电影特质的哥特式悬疑剧，这部剧采用多视角叙事，讲述的是 2012 年美国南部边陲路易斯安那州的警探搭档 Rust 和 Martin 回到了一处荒败之地，重访他们 1995 年经手的一桩古怪仪式连环杀人案件。随着调查的深入，当记忆细节与新的线索交叠之时，他们再度深陷当年的泥沼。这部剧的片头由 Antibody 策划创作，该公司擅长利用惊人的图像和引人入胜的故事来创造独特的视觉效果。制作团队在制作片头时看了前三集的剧本，因为故事永远是设计过程中最根本的一部分，阅读剧本对于视觉设计来说是大有裨益的。

据制作团队介绍，最早的片头制作灵感来自摄影的双重曝光，总体的创意是想以支离破碎的人像作为开场，用人物作为进入整体布局和景观的窗口，最终突出剧集中主角的居住环境和肖像，通过地点展示人物，以图像的方式塑造符号感（图 10 - 1、图 10 - 2）。

图 10 - 1   3D 建模场景

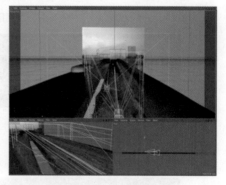

图 10 - 2   3D 建模场景

但片头出现的场景并非影片里的某个具体场景，而是用 CG 模型来进行制作实现的。制作团队把画面通过 3D 建模来制造场景，建造多边形的几何卡车站、炼油厂，之后在原本的风景上添加建筑层，勾画细节，并在三维软件里架设很多虚拟摄影机缓慢地经过这些建构的空间，让画面更生动，解决了很多画面和剧照都过于静态而不够生动的问题(图 10 – 3)。

图 10 – 3 《真探》片头

尽管我们用 AE 做不出具有三维效果的场景，但是用 AE 结合素材仍然能做出这种多重曝光、叠影效果的片头。下面我们来制作一部仿《真探》片头的片子。

10.1 版式制作

(1)在项目制作时，常常会通过各种途径寻找合适的素材，或创作，或上网寻找，或购买素材库；之后根据要求绘制分镜，实在不会画，也应该简单地描一下。在本案例中，导入提供的素材，新建一个 720 像素、30 秒的合成。

(2)新建一个白色的固态图层，作为底色。

(3)把图片"overlay_01"拖入合成时间线上。

①打开其 3D 属性，调整其 Z 轴的位置，如图 10 –4 所示。

图 10 – 4 调整 Z 轴的位置

②调整其比例大小，让其适合窗口的大小(图 10 –5)。

图 10 – 5 比例大小

③把图片变成灰色调，执行"效果"→"颜色校正"→"色相/饱和度"命令，给图片增加一个色相/饱和度的效果控件，把主饱和度值调整为－100，这样图片便变成黑白了（图10-6）。

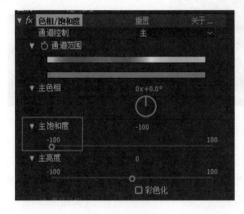

图10-6　效果控件

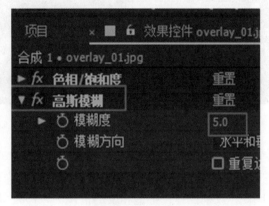

图10-7　效果控件

④这是用来制作背景的图片，因此不需要它那么清晰，执行"效果"→"模糊和锐化"→"高斯模糊"命令，给图片增加一个模糊效果控件，把模糊度值调整为5左右（图10-7）。

⑤调整图片的不透明度值为40%，如图10-8所示，效果如图10-9所示。

图10-8　不透明度

图10-9　效果

10.2　重曝光叠影效果

这里将用背景图片作为再次曝光的图像，利用轨道蒙版的知识进行制作。

（1）把"overlay_01"再次拉到时间线上，打开其3D属性，调整其Z轴的位置，让其位于第一次拖入的"overlay_01"图层前，如图10-10所示。

（2）把图片变成灰色调，执行"效果"→"颜色校正"→"色相/饱和度"命令，给图片增加一个色相/饱和度的效果控件，把主饱和度值调整为－100。

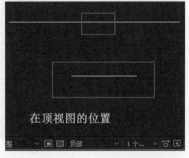

图10-10　顶视图的位置

（3）我们想要背景城市和熊形成错位的效果，因此把图片旋转 90°，如图 10 - 11 所示。

图 10 - 11　旋转 90°

（4）将图片"alpha_01"拖到时间线上，打开其 3D 属性，并调整其 Z 轴的位置，让它在旋转后的"overlay_01"图层前一些，给它增加"效果"→"颜色校正"→"颜色平衡（HLS）"效果控件，把饱和度的值调为 - 100。其实这个效果与调整色相饱和度基本是一样的。

（5）选择旋转后的"overlay_01"图层，选择"alpha_01"图层作为其轨道蒙版（如没出现选项，按"F4"键调出），如图 10 - 12、图 10 - 13 所示。

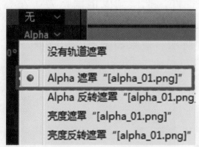

图 10 - 12　轨道蒙版　　　　　　　　　　　图 10 - 13　呈现效果

（6）用快捷键"Ctrl + D"复制"alpha_01"图层，为了便于管理，把它命名为"alpha_up"。这时我们看到，城市的图片完全被挡住了，我们需要露出部分城市的图片，因此给"alpha_up"一个线性擦除的效果，即"效果"→"过渡"→"线性擦除"，并调整过渡完成的值为 42%，调整擦除角度值和羽化值，如图 10 - 14、图 10 - 15 所示。

图 10 - 14　线性擦除　　　　　　　　　　　图 10 - 15　呈现效果

10.3　氛围效果的制作

（1）制作划痕效果。现在画面还是太干净，为了增加一些环境破坏及历史的沧桑感，我们为画面增加一些划痕效果。具体操作步骤如下。

①把"划痕1""划痕2"两张图拉到时间线上，打开它们的3D属性，并在顶视图中调整它们的 Z 轴位置，让它们在空间上有所错位，如图10-16所示。

图10-16　位置

图10-17　图层模式

②选择划痕图片，在图层模式中，选择"屏幕"（图10-17），这样便可看到划痕隐约出现在屏幕上。

③可以结合遮罩选择效果好的部分划痕（图10-18），也可以多复制几个图层来制作丰富的效果，可以让这些被复制的划痕图层的 Z 轴处于不同的位置，使其图片大小有变化，从而使划痕大小不一，空间的布局也不一样，总之就是要丰富而统一。如图10-19所示。

图10-18　结合遮罩选择划痕

图10-19　多划痕图层参数

（2）继续添加电火花细节。为了给画面增加一些氛围及动感，需要添加一些电火花的效果。一般来说，添加这样的效果，可以用粒子插件进行制作，也可以去找一些做好的视频的素材进行制作，这样能提高工作效率，节省渲染时间。

①把提供的"电火花"视频拖到时间线上，执行"效果"→"颜色校正"→"色相/饱

度"命令，把主饱和度值调整为 –100，把视频调成黑白的。

②打开"电火花"视频的 3D 属性（图 10 – 20），把其移动到画面的右侧，因为火花的运动方向是从右往左飘，而城市的图片在右侧，熊在左侧；火花的运动一方面给人以动感，更多的是让两者产生一种联系。

图 10 – 20　电火花

③这个视频的时间不是特别长，如果想要素材在时间窗口中反复出现，可以通过解释素材进行多次循环，也可以用表达式的方式来做。首先选择图层，点击鼠标右键，在出现的菜单中选择"时间"→"启用时间重映射"，便发现在时间线上多了两个关键帧（图10 – 21、图 10 – 22）。

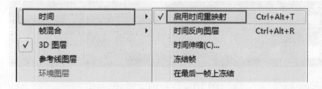 

图 10 – 21　时间　　图 10 – 22　启用时间重映射　　图 10 – 23　尾端关键帧往前移动一帧

④仔细观察，在尾端的关键帧其实是往后一帧了，如果要循环，就会有一帧的空白，因此要把这帧往前移动一帧（本案例中不移动也没关系，但有一些连接紧密的就需要移动）（图 10 – 23）。

⑤选择图层，快速连按两次"U"，即"UU"，便可打开图层所有的关键帧，按住 Alt键，点击"时间重映射"前的"秒表"，便可打开表达式输入模式（图 10 – 24）。

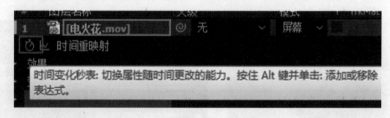

图 10 – 24　打开表达式输入模式

⑥点击右侧的小三角，在出现的对话框中，选择"Property"，之后选择"LoopOut"（type = "cycle"，numKeyframes = 0）（图 10 – 25、图 10 – 26），这样便制作了重复播放的视频。

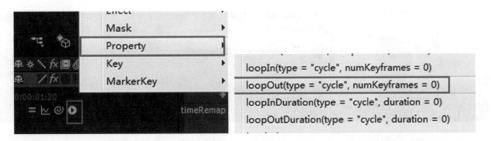

图 10 – 25　Property　　　　　　　　图 10 – 26　循环

(3)拖入提供的"粒子"视频(图 10 – 27),这是一个粒子运动的视频素材,在此需要打开其 3D 属性,调整其图层模式为"屏幕"(视频也可以用 AE 中的 Trapcode Particular 插件很轻松地制作出来,具体的方法与做电火花基本一致)。

图 10 – 27　粒子

(4)调整色相图层的制作。在看《真探》片头的时候,我们发现它并非从头到尾都是纯灰调,也会有一些色相的变化。接下来我们看看是如何实现的。

①用快捷键"Ctrl + Y"新建立一个固态图层,命名为"色相层",该图层的色彩取决于这段视频我们想要的色相,如果想要偏灰冷色,便填充为灰蓝色。选择图层模式为"叠加"模式(图 10 –28)。

图 10 – 28　蓝色固态层

②在菜单中,执行"效果"→"生成"→"梯度渐变"命令,给其一个渐变,调整其渐变的位置及方向,这么做也是为了让色相有着更丰富的效果,而不是只有一种色(图 10 – 29)。

③在选择"色相层"的情况下,用钢笔工具绘制蒙版(图 10 – 30),让突出的部分呈现色彩,其他部分仍然为灰色。按键盘上的"F"键,调整绘制的蒙版的羽化值,如图 10 – 31 所示。

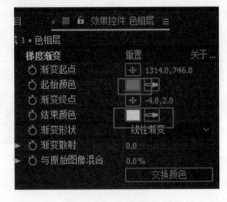

图 10 – 29　梯度渐变

图 10 – 30　绘制蒙版　　　　　　　图 10 – 31　蒙版的羽化

10.4　文字图层的制作

视频里的文字一般是一些重要的标题和重要的口号，在设计的时候一定要区分好主次，通过字体、字号、色彩等做到主次分明。这些与平面设计很相似，但视频最大的特征便是可以给文字加上一些具有动感的动态效果。这个案例中，我们把重点放在画面上，文字仅有简单的两行字，具体的步骤如下。

（1）用 **T** 文字工具输入"家"，选择"方正正黑简体"，90 像素大小，选用带点蓝的深灰色（图 10 – 32）。

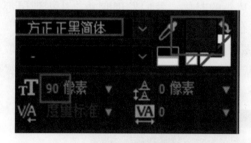

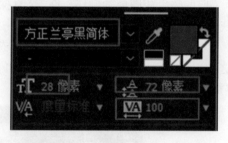

图 10 – 32　"家"字参数　　　　　　图 10 – 33　"城市扩张"等字参数

（2）用 **T** 文字工具输入"城市扩张让许多动物无家可归"，选择"方正兰亭黑简体"，28 像素大小，色彩可以比"家"更亮和蓝一些，字间距为 100（图 10 – 33），效果如图 10 – 34 所示。

（3）制作"家"文字的动态效果。我们希望"家"字由模糊到清晰，在位置上由上移动到下，因

图 10 – 34　呈现效果

此展开文字图层，点击"动画"旁边的小三角，在出现的对话框中选择"位置与模糊"（图 10 – 35、图 10 – 36）。

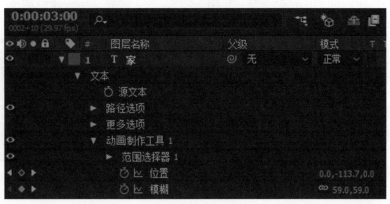

图 10 – 35　动画　　　　　　　　　　　　　　　　图 10 – 36　图层属性

2 秒 15 帧时，调整"家"字的 Y 值为 – 398，让其在画外；3 秒 06 帧时，调整"家"字的 Y 值为 0，让其处于之前版式的位置。

3 秒处，调整"家"字的模糊值为 59，3 秒 15 帧时调整"家"字的模糊值为 0，得到了一个由模糊到清晰的效果。

调整动画曲线，选择所有的关键帧，按"F9"键，调整效果如图 10 – 37 所示。

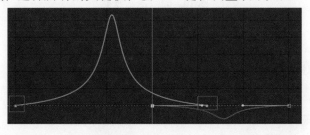

图 10 – 37　曲线

（4）"城市扩张让许多动物无家可归"文字动态效果制作。首先把文字变为三维属性的文字，方法是点击文字图层属性"动画"旁边的小三角，在出现的对话框中选择"启用逐字 3D 化"，如图 10 – 38 所示。

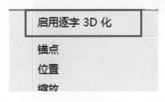

图 10 – 38　启用逐字 3D 化　　　　　　　　图 10 – 39　动画效果参数

给文字层添加"字符间距大小"与"位置"两种动画效果（图 10 – 39）。在 3 秒 15 帧处，把"位置"的 Y 轴值调为 302，Z 轴值调为 – 154，即让文字位于画面下部分，与"家"有一个方向的不同；在 4 秒 15 帧处的数值全部为 0，即定版时候的位置。

字符间距的动画调整(图 10 – 40),在 4 秒处,字符间距的值为 148,5 秒处调整为 0,如图 10 – 41 所示。

图 10 – 40　字符间距

图 10 – 41　调整

最后不要忘记调整曲线。动态效果如图 10 – 42 所示。

图 10 – 42　动态效果

10.5　摄像机的调整

(1)运用组合键"Ctrl + Alt + Shift + C"创立一个摄像机。

(2)新建立一个空白图层,命名为"摄像机引导层",打开其 3D 属性,作为摄像机的父层,如图 10 – 43 所示。

图 10 – 43　摄像机父子关系

(3)调整"摄像机引导层"的位置(图 10 – 44)。0 帧时,Z 轴为 – 293;3 秒时,Z 轴为 464,有一种镜头向前推的感觉。

图 10 – 44　调整位置

（4）我们发现当摄像机运动的时候，有
的画面不够大，这时候需要对一些画面的比
例及位置进行进一步调整，即放大到充满另
一个画面即可。

（5）调整"摄像机引导层"的运动曲线，
我们希望是慢入慢出，曲线形态如图 10 – 45
所示。

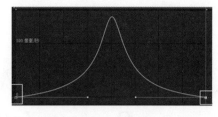

图 10 – 45　曲线

10.6　模板的应用与总结

制作本案例所应用的技术并不难，都是常用的效果，但是需要综合起来应用，调整
一些主要的细节。

在工作过程中，很多时候因为要赶进度，我们可以找一些模板，在模板的基础上进
行修改，这样便能快速地完成工作。同时，研究、临摹模板也是快速提升水平的一个好
方法。打开模板的源文件，对其实现的方法进行分析，对着做一遍，会发现许多 AE 的
使用技巧，从而能够快速进步。但要说明的是，如果用中文版，很多模板可能会出错
（因为大量模板都涉及用英文编写表达式，用中文版的话很多参数找不到，就会出错），
解决办法是电脑里装两个版本的 AE 软件。

11 苹果公司 **WWDC** 开篇视频 *Designed By Apple* 的制作

有时候合理处理好点、线与面的关系，便可取得极具艺术气质的效果，比如苹果公司广告 WWDC 开篇视频 *Designed By Apple*，全篇为黑白色调，运用点与线的运动，引出说明性的文字，展示了极简又具有设计感及品质的理念，如图 11-1 所示。

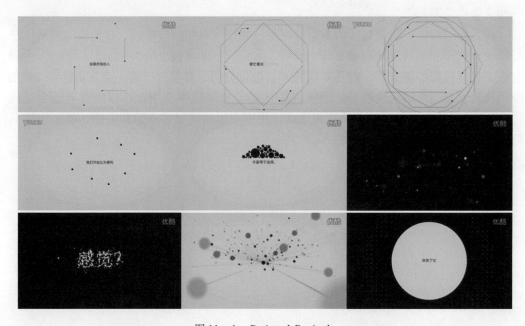

图 11-1 *Designed By Apple*

在本章我们将运用点、线运动的方式，牛顿插件以及 Paticular、Plexus、Form 插件来制作该视频关键部分的效果。

11.1 点线生长的制作

（1）观察视频，可见四个点位于正方形的四个顶点上，并随着它们运动，因此可以先绘制四方形及圆点，再做其动画（图 11-2）。

图 11 - 2　点的运动

①新建立一个 1280 × 720 像素的合成。

②点击 ▨ 矩形工具，按住"Shift"键与鼠标左键绘制一个矩形，去掉填充，描边为 2 像素大小，描边色为#666666；让其相对居中于舞台的中心，修改其中心点于图形的中心(图 11 - 3)。

图 11 - 3　绘制矩形

③把该矩形重命名为"四边形 01"，展开"图层"属性，执行"矩形"→"矩形路径 1"→"大小"命令，修改矩形大小为 400 × 400 像素大小，如图 11 - 4 所示。

图 11 - 4　矩形大小

④用 ⬤ 椭圆工具，按住"Shift"键与鼠标左键绘制一个正圆，去掉描边，并让其填充色为#666666，修改其中心点于图形的中心，并让其位于四边形的右上角位置，如图 11 - 5 所示。

⑤修改椭圆层名为"点 1"，并展开图层属性，执行"椭圆"→"椭圆路径 1"→"大小"命令，修改矩形大小为 14 × 14 像素大小，如图 11 - 6 所示。

图 11 - 5　正圆中心点

图 11 – 6　正圆大小

⑥选择"点 1"图层，运用快捷键"Ctrl + D"复制一层，移动其位置到四方形的右下顶点上，如图 11 – 7 所示。

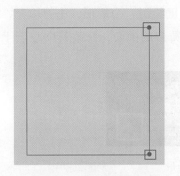

图 11 – 7　复制图层

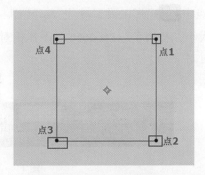

图 11 – 8　呈现结果

⑦用同样的方法，复制其他两个点，需要注意的是命名是按顺时针来排序的，这样方便管理，结果如图 11 – 8 所示。

（2）制作四个圆点依次出现的动画。

四个圆点是从右上到左上依次出现的，它们的出现是由无到有、由小到大的，在这里要用到 Mt. Mograph – Motion v2 的插件来制作动画。

①选择"点 1"图层，按"S"键，打开"缩放"属性，在 0 帧处让其缩放值为 0，在 10 帧处，缩放值为 100，如图 11 – 9、图 11 – 10 所示。

图 11 – 9　0 帧缩放值

图 11 – 10　10 帧缩放值

②在菜单栏中，执行"窗口"→"Motion 2"命令，打开 Motion v2 的界面，把它拖到"特效控件"面板旁边，以便操作。Motion v2 插件是近年来做 MG 动画常用的插件，它可以非常方便地调整运动曲线，如图 11 – 11 所示；修改物体的中心，如图 11 – 12 所示；还能创建中心点运动的图形，如图 11 – 13 所示。总之，这是一个非常易用且有用的插件。

图 11 – 11　调整曲线

图 11 – 12　修改中心点

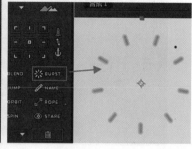

图 11 – 13　创建图形

③如果之前我们没有对齐小圆的中心点，在这里在只需要选择圆点的情况下，点击 Motion 2 的中心点的中间便可。只要点击这些点便可让物体的中心点移动到中心或右上角等位置（如果没有看到"对齐"面板，就点击旁边的切换按钮 ）（图 11 – 14）。

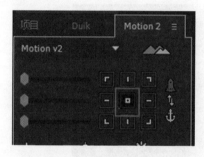

图 11 – 14　中心点选项

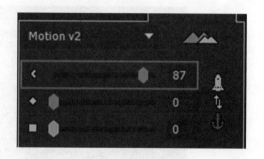

图 11 – 15　出点滑块

④选择小圆的第 0 帧位置的关键帧，将 Motion v2 中的出点滑块滑到 87 的位置，如图 11 – 15 所示；选择小圆的第 10 帧位置的关键帧，将 Motion v2 中的入点滑块滑到 87 的位置，如图 11 – 16 所示。观察动画曲线，便变成了慢入慢出的形态（图 11 – 17），这便省去手动调整的麻烦，提高工作效率。

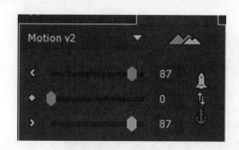

图 11 – 16　入点滑块

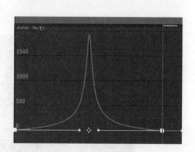

图 11 – 17　曲线

⑤选择小圆的第 10 帧位置的关键帧,点击 Motion v2 的 EXCITE(惯性)按钮,让其产生一定的惯性,让动画有更多细节(图 11 – 18)。于是便看到小圆的图层效果控件中增加了三个效果,分别是 Overshoot(振幅)、Bounce(频率)、Friction(摩擦)(图 11 – 19)。

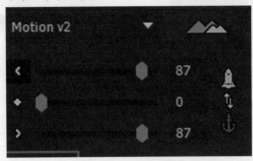

图 11 – 18　惯性按钮　　　　　　　　　　图 11 – 19　效果控件

⑥用快捷键"Ctrl + C"复制"点 1"的两个关键帧,选择图层"点 2""点 3""点 4",按快捷键"Ctrl + V"把关键帧复制给这几层,我们发现四个点都由小到大变化。

⑦现在它们是同时发生变化,我们希望它们依次出现,因此将"点 2""点 3""点 4"层往后移动 5 帧,让它们依次出现,结果如图 11 – 20 所示。

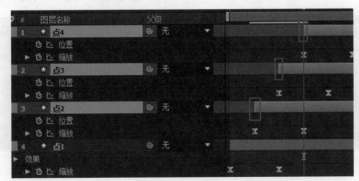

图 11 – 20　依次出现在时间窗口

(3)制作线运动的动画。

①选择"四边形 01"图层,在时间线上往后拖,让其在 1 秒 01 帧即四个点都出现后再出现。

②展开"四边形 01"图层属性,在内容旁边的"添加"菜单中选择"修剪路径",如图 11 – 21 所示。

图 11 – 21　修剪路径

③在1秒01帧时，修剪路径的开始的值为0，并为结束值打一个关键帧，其值为0（图11-22）；在2秒钟时，让其结束值为25%，如图11-23所示。

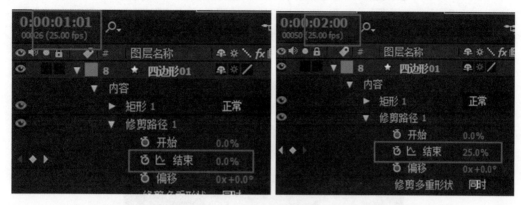

图11-22　结束值　　　　　　　　图11-23　结束值

④于是得到了一个线从右上顶点生长到左下顶点的动画，但是我们需要的是四条线的运动，最终形成一个四边形，因此选择图层"四边形01"，按快捷键"Ctrl + D"复制三层，分别得到"四边形02""四边形03""四边形04"。

⑤这些线重合在一起了，通过调整修剪路径的偏移值来让线段从不同的点出现。选择"四边形02"，调整其修剪路径1，偏移值为90°，如图11-24所示。

 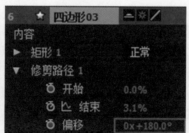 

图11-24　偏移值　　　　图11-25　偏移值　　　　图11-26　偏移值

⑥选择"四边形03"，调整其修剪路径1，偏移值为180°，如图11-25所示。用同样的方式选择"四边形04"，调整其修剪路径1，偏移值为270°，如图11-26所示。

⑦得到了路径的生长动画，如图11-27所示。

图11-27　生长动画

（4）制作四个点跟随线运动的动画。

①按住"Shift"键的同时点选"点1"与"点4"图层，于是便把"点1""点2""点3""点4"四个图层都选择了，按"P"键，出现位置的属性，点击位置前的"秒表"，建立一个位置关键帧（因为我们要让它跟着线运动，但开始的时候它们各自处于现在的位置），如图11－28所示。

图11－28　位置

②选择"点1"图层，在2秒钟处，将其位置的Y值，调整为558，也就是"点2"原来Y轴的位置，相当于点1由原来的位置运动到点2的位置。

③选择"点2"图层，在2秒钟处，将其位置的X值，调整为440，也就是"点3"原来X轴的位置，相当于点2由原来的位置运动到点3的位置。

④选择"点3"图层，在2秒钟处，将其位置的Y值，调整为160.3，也就是"点4"原来Y轴的位置，相当于点3由原来的位置运动到点4的位置。

⑤选择"点4"图层，在2秒钟处，将其位置的X值，调整为840，也就是"点1"原来X轴的位置，相当于点4由原来的位置运动到点1的位置。

⑥通过观察（图11－29），我们看到仿佛点带着线段在生长，但是，我们看原苹果公司广告视频时，发现在线生长的过程中点是慢慢消失不见的，因此我们需要选择四个点的图层，按"S"键，让其在1秒01帧时，缩放值为100，在2秒钟时，缩放值为0。

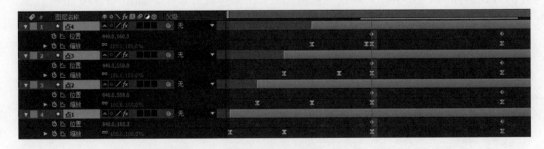

图11－29　关键帧

⑦如果发现没有完全对齐，可以对点的位置或线进行细微的调节，效果如图 11－30 所示。

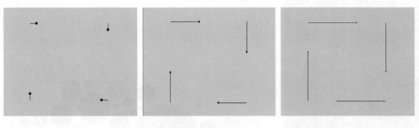

图 11－30　效果

11.2　牛顿插件

在 AE 中，很难模拟现实生活中动力学的效果。如果要做这类效果，往往需要借助三维软件来实现，而牛顿(Motion Boutique Newton)插件的出现弥补了 AE 在制作此类动画方面的不足。牛顿插件是 AE 第一款动力学插件，牛顿插件的主要作用是对合成中的对象进行各种复杂的动力学运算，完美模拟动力学的物理属性，关节、吸附与排斥、新动力学类型等诸多实用功能，还可对重力、碰撞、摩擦等进行控制，然后把计算好的信息导入到 AE 中，从而能够制作出更加真实的效果。

(1)安装方法。将"Newton"文件夹拷贝到 AE 的插件文件夹"Plug－ins"下，需要注意的是，此插件跟其他插件不同，插件目录是找不到的，因为它是对整个合成都起作用的，所以要在合成菜单下找它，如图 11－31、图 11－32 所示。

图 11－31　位于合成下的 Newton 插件　　　　图 11－32　位于合成下的 Newton 插件

(2)图形绘制。

①新建立一个 1280×720 像素、6 秒长的合成，设置合成的背景色为白色。

②用快捷键"Ctrl＋Y"新建立一个固态图层，固态图层的背景色为#252525。之所以要建立固态图层，然后用蒙版绘制图形，有两个原因，一是 Newton 插件只认边框，对 MASK 支持得比较好。二是用蒙版绘制的图形便于替换成其他图形(方法：从项目窗口中按住"Alt"键，拖动需要替换的对象到图层上，便可替换，之后删除蒙版即可)。

③在选择"固态图层"的情况下，用椭圆工具，按住"Shift"键绘制一个大圆，固态图层便有一个蒙版。

④用此方法绘制很多大小不一的圆，一共 35 层固态图层(图 11－33)，绘制成如图

11－34 所示的图形，这里要注意圆的大小要统一中有区别。

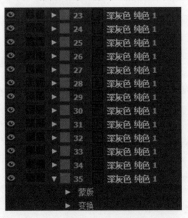

图 11－33　图层

图 11－34　圆的图形

（3）关键帧的制作。视频中小球从画面外往下掉落的时候，会保持我们上面绘制的图形，因此需要在此给它做一些关键帧动画。

①按住"Shift"键，由下到上选择所有的小球，在 Motion 2 插件中，选择让小球的中心点位于小球的中心，如图 11－35 所示。

②在所有小球被选择的情况下，把时间轴移动到 02 帧处，按"P"键，给位置属性打一个关键帧，如图 11－36 所示。

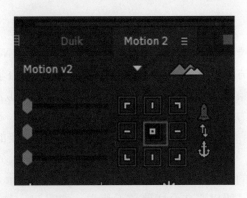

图 11－35　改变圆的中心点

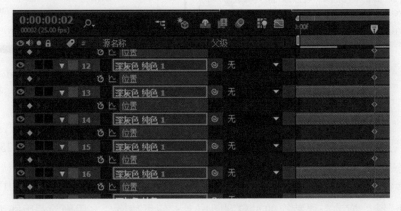

图 11－36　关键帧

③在所有小球被选择的情况下，把时间轴移动到 0 帧，把小球移动到画面顶部，按"P"键给位置属性打一个关键帧，如图 11－37 所示。

图 11 - 37 关键帧

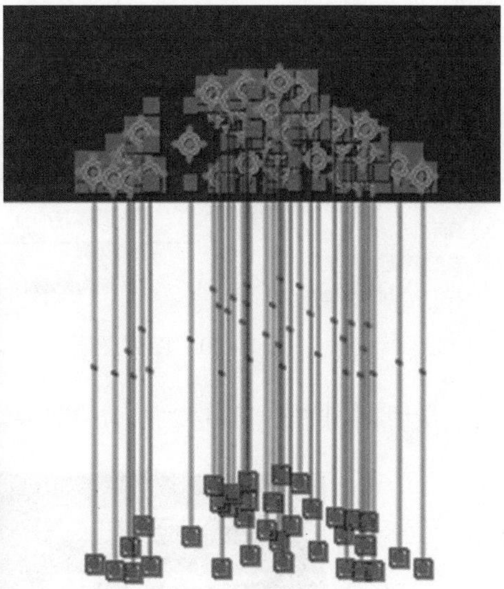

图 11 - 38 呈现结果

④我们希望小球的掉落是有先后的，底部的先掉，一个一个按顺序掉落，因此我们可以把图层依次往后移动 2 帧。这里有 35 个图层，如果用手动移动就比较麻烦，可以用关键帧辅助的方法来移动。

首先按住"Shift"键，单击最下层，再单击最上面的小球层，选择所有的图层，把时间轴移动到 02 帧，按键盘的"Alt +]"键，于是每个小球的长度便只有 2 帧长了。时间长短如图 11 –39 所示。

图 11 - 39   时间长短

然后点鼠标右键，选择"关键帧辅助"→"序列图层"（图 11 –40），在出现的对话框中，去掉重叠选项，持续时间为 0，点"确定"（图 11 –41）。

After Effects 动态图形设计

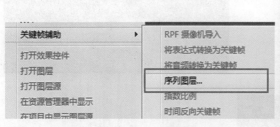

图 4 – 40　序列图层　　　　　　　图 11 – 41　去掉重叠选项

最后得到如图 11 – 42 所示的效果。

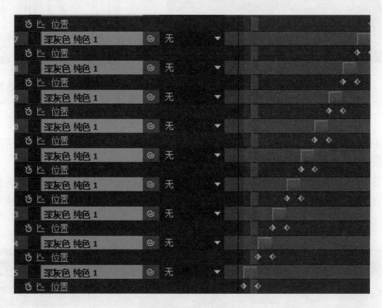

图 11 – 42　图层

⑤选择所有的图层，拖动到时间轴的末尾即 5 秒钟位置，结果如图 11 – 43 所示。

图 11 – 43　图层

⑥选择所有的图层，按"P"键，打开"位置关键"属性，点击其旁边的"建立关键帧"按钮，建立一个在原位置的关键帧，以保持它的形状。

图11-44 地面

（5）用牛顿模拟动力学效果。

①用矩形工具绘制一个矩形模拟地面的效果，命名为"地面"，如图11-44所示。

②在菜单中，选择"合成"下的 Newton 2 展开牛顿插件的面板。

③在左下部的主体框中，选择"地面"，在"主体属性"面板下，类型中选择"静态"（地面在现实生活中是静止不动的，因此这里作为支撑小球的平面，选择静态）（图11-45、图11-46）。

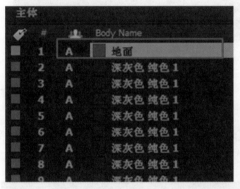

图11-45 地面

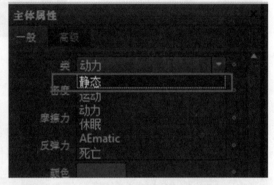

图11-46 选择静态

④主体框中，选择所有的小球，在主体属性中选择"AEmatic"，这个选项既能保持原有的运动属性，又能让物体有一些牵引，受到动力学的影响（图11-47、图11-48）。

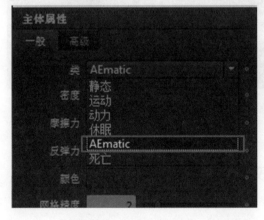

图11-47 选择 AEmatic

图11-48 AEmatic 小球的状态

图11-49 播放按钮

⑤点击播放按钮(图 11 – 49)便可观察效果。如果不满意可以调整 AEmatic 的参数值(图 11 – 50)。

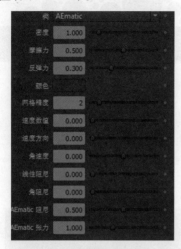

图 11 – 50　AEmatic 的参数值

图 11 – 51　渲染

⑥如果测试满意了,便可点击输出面板的"渲染"按钮,等一段时间便把计算出来的数据变成关键帧存入 AE 中(图 11 – 51)。

⑦在项目窗口中,我们发现会有一个新的合成生成了,双击可看到,每一个图层都有许多关键帧。于是我们便完成了该案例的制作(图 11 – 52)。

图 11 – 52　新合成关键帧

11.3　用 Particular 制作点消散的效果

Particular 是 AE 中最常用的插件,它是一款创建粒子效果的插件,并可以对产生的粒子进行替换,不仅有如火焰、航天、烟花、爆炸、烟雾等几百种预设,在新版本中更增加了新的精灵和多边形预设。本节将介绍如何运用 Particular 流程以及用它来制作消散效果(图 11 –53)。

图 11 –53　消散效果

图 11 –54　Particular 界面

（1）通过制作下雪的案例认识 Particular。

①新建立一个 1280 ×720 像素、5 秒钟长的合成，设置合成的背景色为黑色，并新建立一个固态图层，命名为"Particular"。

②菜单栏中，执行"效果"→"Trapcode"→"Particular"命令，便在效果控制器中，增加了 Particular 插件效果，如图 11 –54 所示。

③粒子发射器形态调整。下雪是从天空中往下掉落，而且是铺天盖地的，因此粒子发射器必须宽广，调整发射器类型为"BOX"（盒子）（图 11 –55）。

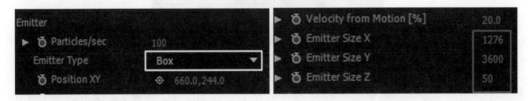

图 11 –55　发射器类型调整　　　　　图 11 –56　修改发射器的相关值

修改发射器的 Emitter Size X、Y、Z 的值（图 11 –56）。

雪花从天空往下掉，我们是看不到雪花生成的，因此要把粒子的发射位置移到画面的上方，修改 Position XY 的位置；此时我们发现下的雪花太少了，因此要增加粒子每秒发射的数量即改变 Particles/sec 的值。

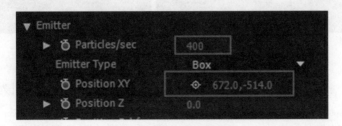

图 11 –57　每秒发射数量

雪花是从上往下掉的，因此在 Direction（方向）选择 Directional（单一方向）；我们希望雪花一开始就有，因此可以让粒子在开始的时候便发射，将 Pre Run 的值改为 50（图 11－58）。

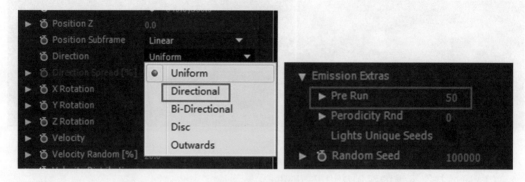

图 11－58　调整方向

即使做了这么多工作，我们看到雪花仍然没有按照我们想要的方式往下掉，而是往其他方向飘，因此要旋转一下发射器的方向，修改 X Rotation 的值为－90°，让其往下掉（图 11－59）。

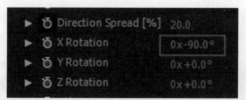

图 11－59　旋转发射器方向

④让雪花往下掉还需要给雪花增加一些重力，在 Gravity（物理）属性下，给 Gravity（重力）一个值，如图 11－60 所示。到现在为止，效果如图 11－61 所示。

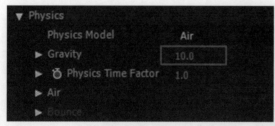

图 11－60　重力值

图 11－61　重力效果

⑤粒子形态调整。我们看到粒子没有飘到画面中就消失了，这是因为我们给的生命值太小了，因此修改 Life[sec]值为 60，让其一直都"活着"；修改 Size（雪花的尺寸）为 3，原来的感觉有点大；修改 Opacity Random（不透明度的随机值）为 50，即雪花的不透明度在 50%～100% 中随机取值，如图 11－62 所示，效果如图 11－63 所示。

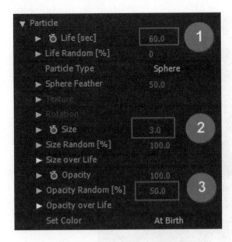

图 11 – 62　粒子关键参数

图 11 – 63　粒子形态

⑥调整粒子物理效果。观察雪花动态，觉得它运动过快，因此需要重新调整重力效果，把它的值改为 0.5（图 11 – 64）。但是，速度慢下来则发现雪花太多了，可回过头再次调整粒子发射的速度，即将 Particles/sec（每秒发射粒子数）的值改为 200。

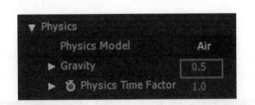

图 11 – 64　重力

雪花飘舞的效果，可以通过调整 Spin Amplitude（振幅）、Spin Frequency（频率）的值来达到；雪花还受到风力的影响，因此给一个风力 Wind X、Wind Y、Wind Z，并给 X 轴的风力一个 wiggle 的表达式，方法是在点击"秒表"的同时按住"Alt"键，输入格式为 wiggle（最小值，最大值）（图 11 – 65）。

图 11 – 65　数值参考

⑦Visibility（可视性）：最常调整的参数是"Far Start Fade"，是指从什么地方开始衰减，即在这之前的粒子都是清晰的，在这之后便开始变模糊，具体调整参数可参考发射器的数值进行调整。

⑧调整"渲染"面板中的"运动模糊"属性，如图 11 – 66 所示。

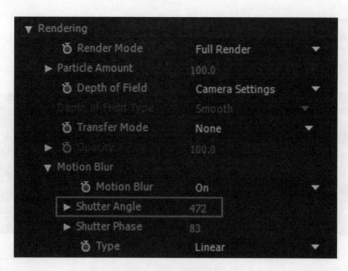

图 11 −66　运动模糊

　　至此，通过雪花的制作实例介绍了插件的常用命令和属性，在具体的项目制作过程中，一般可按这样的流程进行调节，但是会根据出现的效果与项目的要求，随时调节其他的参数。本案例的效果如图 11 −67 所示。

图 11 −67　效果

　　（2）用 Particular 制作字体消散的效果。

　　在原视频中，我们看到"感觉"两个字由小变大，并变成由小球组成的文字，之后消散，如图 11 −68 所示，接下来我们便来制作这一效果。

图 11 −68　消散

　　①新建立一个 1280 ×720 像素、5 秒钟长的合成，设置合成的背景色为黑色，用文字工具输入"感觉?"，并修改其颜色为白色，字体为"微软雅黑"，字号为 132 像素，如图 11 −69 所示。

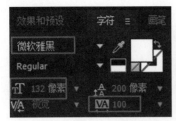

图 11 –69　字的参数　　　　　　　　　图 11 –70　对齐中心点

②用 Motion v2 插件里的中心点对齐工具，让文字的中心点位于文字的中心（图 11 –70）。

③选择"感觉？"文字图层，按两次快捷键"Ctrl + D"复制两层，选择最上面的"感觉？3"图层，按"S"键，调出缩放关键帧属性，修改其大小为30％；把时间轴移动到第4帧处，按"Alt +]"键，让其只在时间轴上存在4帧；选择"感觉？2"图层，把它的开始拖到第4帧处，把时间轴移动到第7帧处，按"Alt +]"键，让其只在时间轴上4 ～ 7帧处出现，如图 11 –71 所示。

图 11 –71　步骤

④选择"感觉？"文字图层，用快捷键"Ctrl + Shift + C"将该图层预合成为"感觉？合成 1"，并将该预合成的三维属性打开，如图 11 –72 所示。

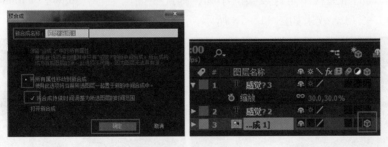

图 11 –72　三维属性

⑤ 用快捷键"Ctrl + Y"新建立一个纯色图层，命名为"消散"；选择该图层，在菜单栏中，执行"效果"→"Trapcode"→"Particular"命令，效果控制器中便增加了 Particular 插件效果。

⑥调整 Particular 发射器的相关参数。首先我们希望由小球形成文字的效果，因此在这里要把发射器类型选择为"Layer Grid（网格图层）"发射的形式（图 11 –73）。

应用网格图层发射类型，还需要在"Layer Emitter"下的"Layer"选项中选择需要的发射图层，这里我们选择"感觉？合成 1"作为发射图层，如图 11-74 所示。

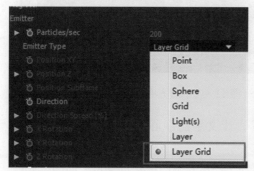

图 11-73 Layer Grid 发射的形式

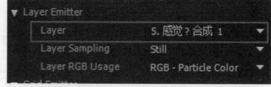

图 11-74 发射图层

修改发射数量，找到"Grid Emitter"，让 X 轴与 Y 轴各发射 200 的粒子，如图 11-75 所示，此时的效果如图 11-76 所示。

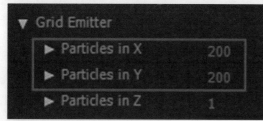

图 11-75 发射粒子数量

图 11-76 效果

⑦修改粒子形态。我们发现粒子存在的时间有些长，而且所有的粒子都同时消失了，在这里我们修改其"Life（生命值）"为 2 秒，并修改其生命的"Life Random（随机值）"为 30；我们希望粒子是比较实的小圆，因此要把粒子的"Sphere Feather（羽化值）"改为 0（图 11-77）。效果如图 11-78 所示。

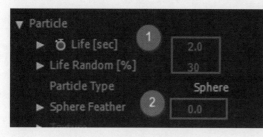

图 11-77 粒子形态

图 11-78 呈现效果

这些小圆球大小的不透明度都太统一了，需要做一些变化，因此把"Size（粒子尺寸）"改为 3，"Size Random（尺寸随机）"改为 100，"Opacity（不透明度）"改为 100，"Opacity Random（不透明度随机）"改为 100，如图 11-79 所示；结果如图 11-80 所示，我们看到了大小与透明度都有极丰富的变化效果。

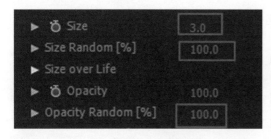

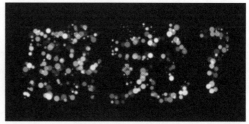

图 11 – 79　粒子形态　　　　　　　　　　图 11 – 80　呈现效果

　　但当我们把时间轴往后拉时，便会发现粒子开始与消失的时候都是一样大小的，而原视频中随着其扩散粒子即小圆慢慢变小变透明，可以修改"Size over Life（尺寸随着生命值的改变而改变）"的值（图 11 – 81），选择这个图形便是随着生命的生长，其粒子大小越来越小，如图 11 – 82 所示。

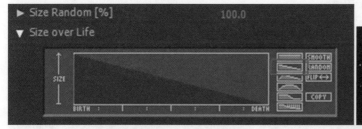

图 11 – 81　粒子大小变化　　　　　　　　图 11 – 82　呈现效果

　　修改"Opacity over Life（不透明度随着生命值的改变而改变）"（图 11 – 83），随着生命的生长，不透明度越来越小，如图 11 – 84 所示。

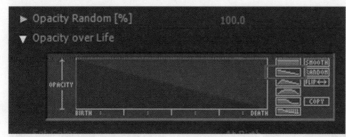

图 11 – 83　粒子透明度变化　　　　　　　图 11 – 84　呈现效果

　　⑧调整物理属性。这里我们希望做一些动态的小变化，即一开始是慢动作，之后消失得快一些，可以通过调整"Physics Time Factor（时间变化）"来达到。把时间轴移动到 2 帧处，把值改为0.5，在 6 帧处改为 1.5，仿佛是播放时加速的感觉，如图 11 – 85 所示。

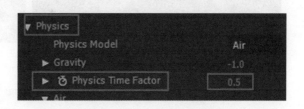

图 11 – 85　调整物理属性

（3）基本效果已经做好了，但还有一些细节需要调整，接下来多做几层形态不同的粒子，丰富效果。

①选择"消散"图层，按住快捷键"Ctrl + D"，复制 2 层，得到"消散 2"与"消散 3"图层。

②选择"消散 2"图层，我们希望制作的粒子小一些，速度更快一些，修改粒子的速度，如图 11 - 86 所示；修改粒子的发射数量，如图 11 - 87 所示。

图 11 - 86　粒子的速度　　　　　　　　　　图 11 - 87　发射数量

修改粒子大小与随机值，如图 11 - 88 所示；修改不透明度的随机值，如图 11 - 89所示。

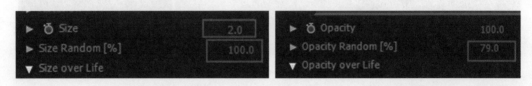

图 11 - 88　粒子参数　　　　　　　　　　图 11 - 89　不透明度的随机值

可以看到一些加了"消散 2"图层的效果比不加时，确实多了一些细节（图 11 - 90、图 11 - 91）。

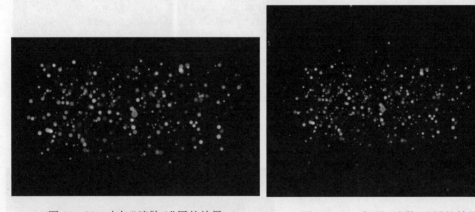

图 11 - 90　未加"消散 2"层的效果　　　　　图 11 - 91　加了"消散 2"层的效果

③选择"消散 3"图层，继续添加细节，如图 11 - 92、图 11 - 93 所示。

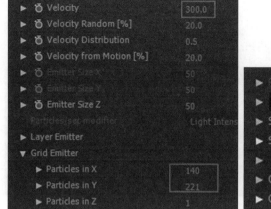

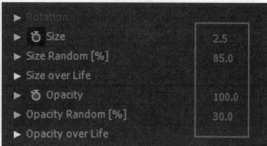

图 11 – 92　添加细节　　　　　　　图 11 – 93　添加细节

④选择"消散""消散 2"与"消散 3"图层，把它们往后移动到 07 帧，关闭"感觉？合成 1"图层的显示，如图 11 – 94 所示。

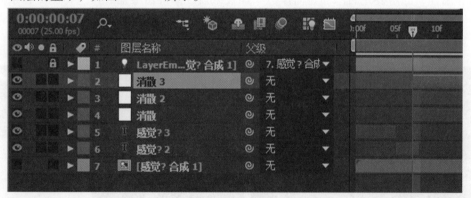

图 11 – 94　图层

11.4　用 Plexus 制作点与线连接的效果

Plexus 插件在 AE 里常用于宣传广告、片头、MG 动态设计等的制作，它是一款制作点、线与面动态图形的优秀插件。下面介绍其使用流程及在视频 *Designed By Apple* 中的应用(图 11 – 95)。

图 11 – 95　Plexus 插件的运用

（1）Plexus 快速入门。

①新建立一个合成，并新建立一个固态图层，命名为"Plexus"，执行菜单栏的"效果"→"Rowbyte"→"Plexus"命令，给其增加"Plexus"效果，如图 11 – 96 所示。

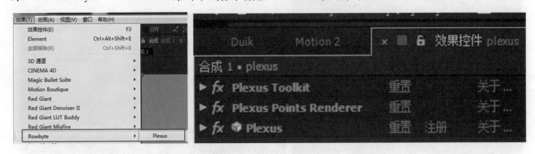

图 11 – 96　Plexus 界面

②合成窗口图层并没有任何变化，这是因为"Plexus"插件默认效果只有基础的命令，如果要做其他效果必须自己添加。在这里需要特别说明的是，使用"Plexus"插件得注意其流程，即需要先后添加几何体、添加效果器、添加渲染器，按这样的流程来做。

③在图层上选择钢笔工具绘制一个封闭的路径，并在图层展开属性中让蒙版不起作用，如图 11 – 97 所示。

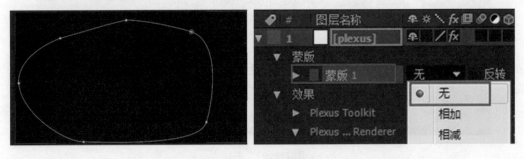

图 11 – 97　封闭的路径

④在添加几何体下拉菜单中选择"路径"，如图 11 – 98 所示；可见添加了 Plexus Path Object 的几何体面板，相当于产生点或线的物体。但此时画面其实也没有变化，那是因为没有添加渲染器（图 11 – 99）。

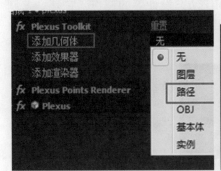

图 11 – 98　添加路径

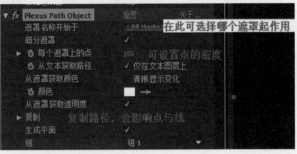

图 11 – 99　面板

⑤Plexus 中的点、线、面都需要添加渲染器才能显示出来，因此在本案例中，我们添加一个点与线条渲染器，如图 11 – 100 所示。

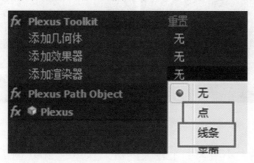

图 11 – 100　添加点与线条渲染器

⑥修改路径几何体下的遮罩上的点数为 115，并修改复制的副本总数为 20，即复制20 条路径，拉伸深度为 2066，就是 20 条路径向 2066 像素的方向延伸（图 11 – 101）。

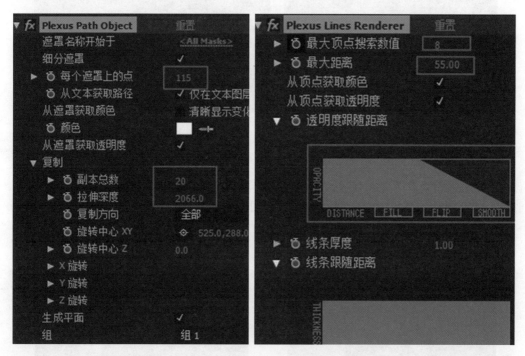

图 11 – 101　遮罩上的点数　　　　　　　　图 11 – 102　搜索点数

修改线渲染的属性，让每个顶点最多可以与另外的 8 个顶点进行连线，并且最大的距离为 55，超过这个距离即使达不到 8 的顶点数，也不再连接，如图 11 – 102 所示。

⑦此时得到的效果如图 11 – 103 所示，显得呆板而没生气，这是因为没有增加效果器。在"添加效果器"选项下，选择"噪波"（图 11 – 104），给其一个噪波的效果器，它将影响几何体，从而形成不同的点与线。

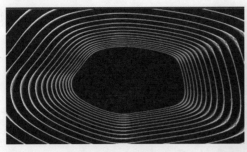

图 11 – 103　效果

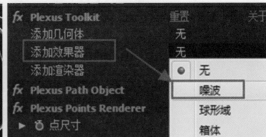

图 11 – 104　噪波

修改"噪波振幅"的大小值为一个较大的值，这里是 209（图 11 – 105），即给了一个力影响了原来整齐排列的点和线，效果如图 11 – 106 所示。

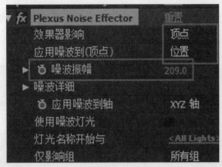

图 11 – 105　"噪波振幅"值

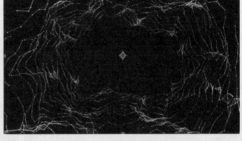

图 11 – 106　效果

⑧此时观察到线的排列还是比较规整的，回到"路径几何体"面板下，再复制下，改变其旋转的 X、Z 的起始角度，在这里为了取得丰富的动态效果，给它们打关键帧，让其 0 帧与最后一帧发生变化（图 11 – 107、图 11 – 108）。

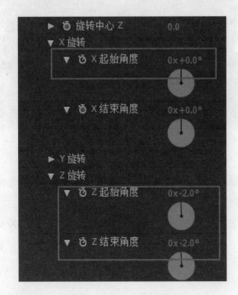

图 11 – 107　关键帧

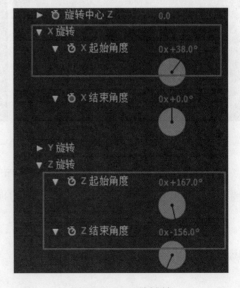

图 11 – 108　关键帧

⑨最终得到比较有趣的效果，如图 11 – 109、图 11 – 110 所示。

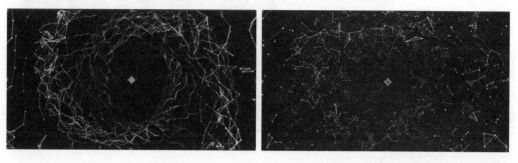

图 11 – 109　效果　　　　　　　　　　　　　图 11 – 110　效果

⑩在"Plexus"面板下，让"景深"选项适应摄影机设置，接下来新建立一个摄像机（图 11 – 111），打开摄像机的属性面板，打开其景深，调节其焦距与光圈，得到一个带有景深效果的点与线的场景（图 11 – 112）。

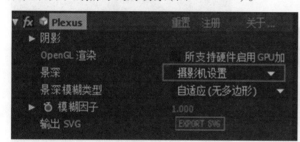

图 11 – 111　适应摄影机设置

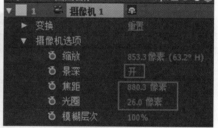

图 11 – 112　摄像机

⑪可给其增加一个摄像机的运动，也可尝试新建立一个固态图层，给其一个"Optical Flares"光效，如图 11 – 113 所示。效果如图 11 – 114 所示。

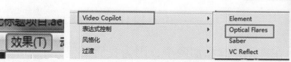

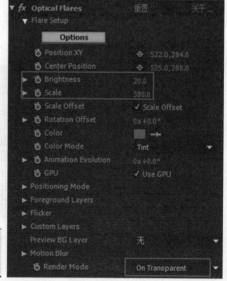

图 11 – 113　Optical Flares 光效

（2）用 Plexus 制作视频点线连接效果。

①新建立一个合成，并新建立一个固态图层，命名为"点线连接"，执行菜单栏中的"效果"→"Rowbyte"→"Plexus"命令，给其增加"Plexus"效果。

②在面板中，"添加几何体"下拉菜单中，选择添加"基本体"，便添加

图 11 – 114　参考效果

了一个像立方体一样的基本体（图 11 – 115）；调整 X 点、Y 点、Z 点的数量为3，修改其颜色为黑色，透明度为 100%（图 11 – 116）。

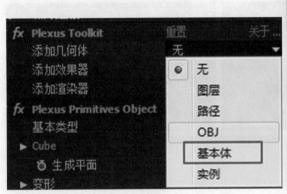

图 11 – 115　添加几何体

图 11 – 116　参数

③修改点尺寸为 12，点透明度为 100%（图 11 – 117），这样便得到了整齐的几个点。效果如图 11 – 118 所示。

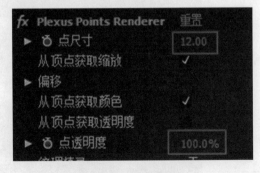

图 11 – 117　参数

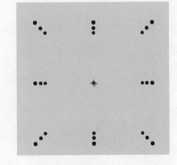

图 11 – 118　效果

④添加噪波效果器（图 11 – 119），在这里连续添加两个，因为我们希望一个影响其

位置，一个影响其比例大小（"应用噪波到顶点"选项中选择）；并在组的选项中都选为"组1"，参数如图11－120、图11－121所示。

图11－119　添加噪波效果器

图11－120　参数

效果如图11－122所示。

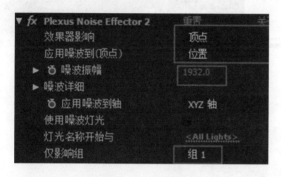

图11－121　参数

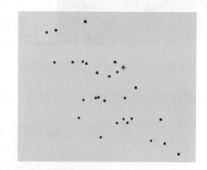

图11－122　效果

⑤因为我们希望所有的点都连接向另外一个点，因此需要另外建立一个点；再次添加一个基本体（图11－123），并把它的 *X* 点、*Y* 点、*Z* 点的值都改为1，这样便只创建了一个点，"基本体参数"面板中，把其定为"组2"，如图11－124所示。

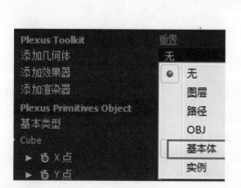

图11－123　添加基本体

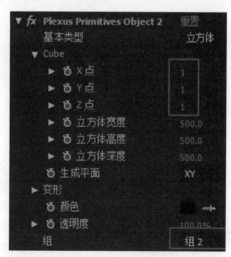

图11－124　定为"组2"

⑥添加"光束"渲染器(图 11 - 125),并在光线渲染器的面板中,调整光束类型为"组",并在第一组中选择"组 1",第二组中选择"组 2",修改开始与结束的厚度,如图 11 - 126 所示。

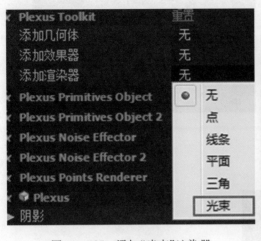

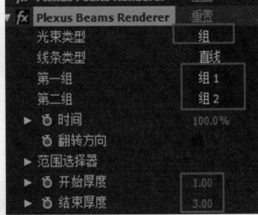

图 11 - 125　添加"光束"渲染器　　　　　　　图 11 - 126　调整参数

到目前为止得到的效果如图 11 - 127 所示。

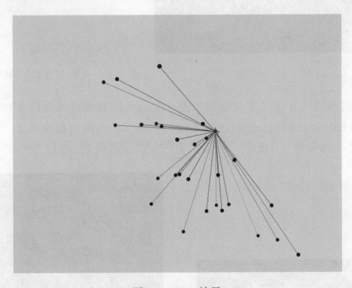

图 11 - 127　效果

⑦制作连接动画,把时间轴移动到 10 帧处,在光线面板中,点击"时间"旁边的"秒表",将数值改为 0,往后移动到 1 秒处,把"时间"数值改为 100%;之后所有光束都要离开组 2 的圆点,可通过修改范围偏移值来使其远离可连接范围,因此把时间轴移动到 4 秒处,范围偏移值为 0%(记得打关键帧),如图 11 - 128 所示。把时间轴移动到 6 秒处,范围偏移值为 10%(记得打关键帧)。效果如图 11 - 129 所示。

图 11 – 128　范围偏移值

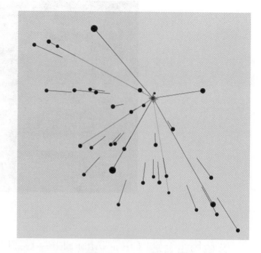

图 11 – 129　效果

⑧复制"点线连接"图层(我们要做大一些的点,让效果更丰富),得到"点线连接 2"图层,修改基本体的 X 点、Y 点、Z 点的值为 2,让其更小一些(图 11 – 130)。

新添加一个点渲染器(图 11 – 131),用来渲染组 1 的点,并把点尺寸调整为 16(图 11 –132)。

图 11 – 130　参数

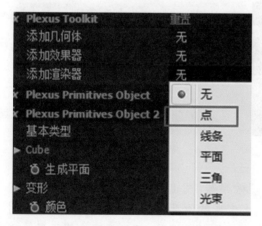

图 11 – 131　添加点渲染器

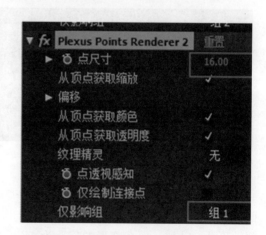

图 11 – 132　参数

注意,把原来点尺寸为 12 的点渲染器的"仅影响组"改为"组 2"(图 11 – 133)。

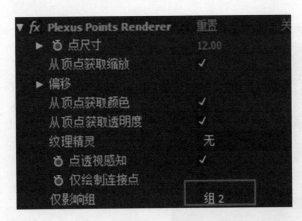

图 11 - 133　组 2

⑨运用组合键"Ctrl + Alt + Shift + C"新建立一个焦距为 35 mm 的摄像机，并新建立一个空白对象，打开空白对象的 3D 属性，建立父子关系，让摄像机跟随空白对象运动。如图 11 - 134 所示。

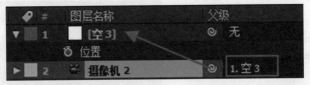

图 11 - 134　父子关系

⑩调整空白对象的位置与方向（图 11 - 135），得到如图 11 - 136 所示的效果。

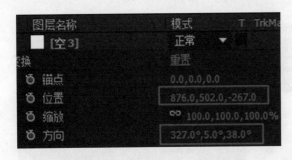

图 11 - 135　空白对象参数

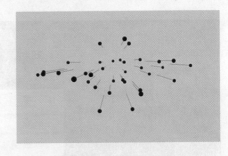

图 11 - 136　效果

⑪制作圆点向上运动的效果，添加"变形"效果器（图 11 - 137），在"变形效果器"面板中，把时间轴移动到 4 秒处，把 Z 变形、Y 变形的值都改为 0，并打关键帧，把时间轴移动 6 秒处，把 Z 变形的值改为 462，把 Y 变形的值改为 - 941，这个值不是一定的，因为我们只需要得到它由正面向上运动的效果即可（图 11 - 138）。

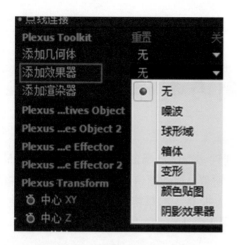

图 11 – 137　添加"变形"效果器

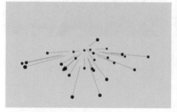

图 11 – 138　参数

⑫得到的效果如图 11 – 139 所示。

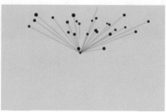

图 11 – 139　效果

12 角色动画的绘制与制作

在我国的网络系列动画《飞碟说》中可以看到许多 MG 动画的影子。可以说，在 MG 动态图形设计中基本都会涉及角色动画的制作。随着 AE 的图钉工具功能及相关插件的出现，使得用 AE 来制作角色动画的工作效率大大提高。本章将介绍如何在 AE 里绘制简单的卡通角色，如何绑定其骨骼及制作动画（图 12 – 1）。

图 12 – 1 《飞碟说》

12.1 在 AE 中绘制角色

一般情况下，我们绘制角色用 Adobe Photoshop 或 Adobe Illustrator，毕竟 AE 并非专业的绘图软件。但是，一些简单的卡通角色，在 AE 里绘制非常便于后面的骨骼绑定及动画制作。

（1）角色的绘制。

①新建立 1280 × 720 像素、25 帧每秒、长 5 秒的合成。

②脸及头发的绘制。使用钢笔工具绘制一个脸的基本形状，接着用转换"顶点"工具对脸部的顶点进行转变，让其更柔和，并去掉其描边，填充色为#F95422，把该图层命名为"脸"（图 12 – 2、图 12 – 3）。

图 12 – 2 钢笔工具

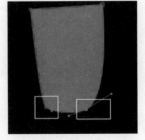

图 12 – 3 脸

同样用钢笔工具绘制头发的形状，接着用转换"顶点"工具对头发的顶点进行转变，注意头是圆形的，因此需要把左上角部分变得圆润一些，头发可做一些尖角的处理，让其有一个对比；去掉其描边，填充色为#B0020A，把该图层命名为"头发"，让其在"脸"图层之上（图12-4、图12-5）。

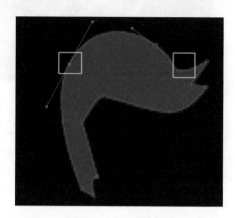

图12-4　绘制头发

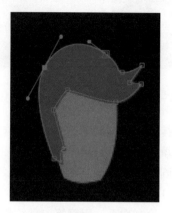

图12-5　将"头发"图层加在"脸"图层上

③脖子的绘制。脖子的绘制比较简单，用钢笔工具在脸的下部点击，按住"Shift"键往下再点一下，便绘制了一条短的直线；把其填充去掉，描边为17像素（图12-6），色彩为#FA5523；把图层命名为"脖子"；展开其图层属性，执行"内容"→"形状1"→"描边1"→"线段端点"→"圆头端点"命令（图12-7），这时候原来平的线的末端便变成圆的了，如图12-8所示。

图12-6　线的设计

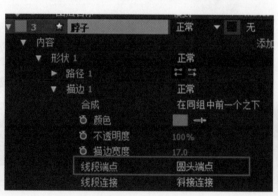

图12-7　圆头端点

图12-8　效果

④用矩形工具绘制一个矩形作为身体的部分，去掉其描边，填充色为#52B183；用椭圆工具绘制一个椭圆作为人体的肩膀部分，把它画得比身体要宽一些，填充与身体一样的颜色（图12-9）。

图 12-9　绘制身体

图 12-10　绘制臀部

图 12-11　"身体"图层

接下来绘制臀部，选择椭圆工具，按住"Shift"键，接一个与身体部分一样大的正圆，填充色为#111144，需要注意的是肩膀、身体与臀部都处于同一图层中，其中臀部的椭圆位于最下面，把该图层命名为"身体"，让其在"脖子"图层之下（图 12-10、图 12-11）。

⑤绘制右手。用钢笔工具绘制 4 个点，来模仿手连接肩膀、手肘、手掌等部分的关节，调整其形态；展开其图层属性，执行"内容"→"形状 1"→"描边 1"→"线段端点"→"圆头端点"命令，使其末端变成圆的，效果如图 12-12 所示。把该图层命名为"右手"。

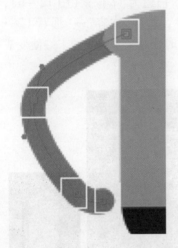

图 12-12　绘制右手

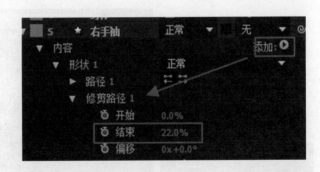

图 12-13　手袖

制作衣袖部分。选择"右手"图层，用快捷键"Ctrl + D"复制一层，命名为"右手袖"。展开其图层属性，点击"添加"旁边的小三角，给其增加一个"修剪路径"命令，调整它的结束值为 22%，如图 12-13 所示。

这时我们仿佛看不到变化，因为没有修改其颜色，修改描边颜色为#52B183（与身体同色），一般来说袖子要比手臂要大一些，因此把描边宽度改为 16，把线段端点改为平头端点，如图 12-14 所示。

图 12 – 14 设置"手袖"参数

图 12 – 15 效果

这样，手与衣袖都做好了（图 12 – 15）。后面要对手调整动画，衣袖部分也需要跟着改变，因此需要建立其连接关系，即当手臂变时袖子也跟着变，方法是展开图层属性，在路径下，找到"路径"，按住"Alt"键的同时点击旁边的"秒表"，于是便展开了"表达式：路径"的选项，按着"螺旋"把其拖到"右手"图层的"路径"下便建立了它们的关系，如图 12 – 16 所示，可以看到，在"右手袖"层增加了这样的表达式：thisComp. layer（"右手"）. content（"形状 1"）. content（"路径 1"）. path。

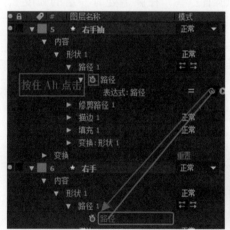

图 12 – 16 建立连接关系

⑥用同样的方式绘制左手及其衣袖部分，得到的效果如图 12 – 17 所示。

图 12 - 17　效果

⑦绘制右腿部分。腿的部分，与手臂一样，都是粗细不同，这里我们想做一些体积的变化。整个右腿由右大腿、右小腿与右脚组成。

使用钢笔工具绘制右大腿的形状，去掉描边，填充色为#111144，命名为"右大腿"，如图 12 - 18 所示。

使用钢笔工具绘制右小腿的形状（注意它比大腿细一些，在膝盖处有一定的弧度），去掉描边，填充色为#17164E（比大腿色亮一些，做一些变化），命名为"右小腿"，如图 12 - 19 所示。

使用钢笔工具绘制右脚的形状，注意在与腿连接的部分绘制一定的弧线，去掉描边，填充色为#17164E（与脸同色），命名为"右脚"，如图 12 - 20 所示。

⑧绘制左腿部分。同样，整个左腿由左大腿、左小腿与左脚组成。

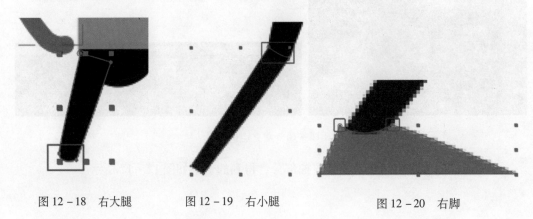

图 12 - 18　右大腿　　　图 12 - 19　右小腿　　　图 12 - 20　右脚

使用钢笔工具绘制左大腿的形状，去掉描边，填充色为#111144，命名为"左大腿"，如图 12 - 21 所示。

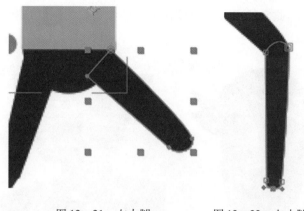

图 12 - 21　左大腿　　　　图 12 - 22　左小腿　　　　　　图 12 - 23　左脚

使用钢笔工具绘制左小腿的形状（注意它比大腿细一些，在膝盖处有一定的弧度），去掉描边，填充色为#17164E（比大腿色亮一些，做一些变化），命名为"左小腿"，如图 12 - 22 所示。

使用钢笔工具绘制左脚的形状，注意在与腿连接的部分绘制一定的弧线，去掉描边，填充色为#17164E（与脸同色），命名为"左脚"，如图 12 - 23 所示。

⑨至此，图层的命名及排序如图 12 - 24 所示，角色的形态如图 12 - 25 所示。

图 12 - 24　图层

图 12 - 25　角色的形态

（2）中心点的调整。

在做运动的角色时，中心点非常重要，因此需要对角色的各部分进行中心点处理。总体思路就是按照人体的骨骼连接思路进行中心点的调整。

①头发是依附头部进行运动的，因此它的中心点应该在下巴的位置。用 移动中心点到图12-26所示位置。

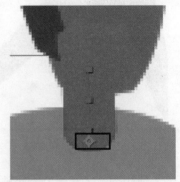

图12-26　头发的中心点　　　　图12-27　脸的中心点　　　　图12-28　脖子的中心点

②脸的中心点与头发是一样的，在脖子的顶部（图12-27）。
③脖子的中心点位于脖子的底部，即与身体连接的地方（图12-28）。
④身体的中心点在臀部位置（图12-29）。

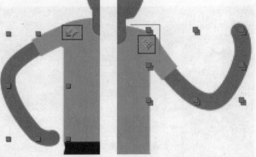

图12-29　身体的中心点　　　　　　　　图12-30　手与手袖的中心点

⑤右手与右手袖的中心点在与身体连接的部位，左手也是同样的道理（图12-30）。
⑥右大腿、右小腿与右脚的中心点也调整到如图12-31～图12-33所示位置。
⑦用右腿的调整原理，对左大腿、左小腿与左脚的中心点进行调整。

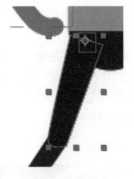
图 12 – 31　右大腿的中心点

图 12 – 32　右小腿的中心点

图 12 – 33　右脚的中心点

12.2　骨骼绑定

这里利用 Duik 插件进行辅助绑定，然后便可像运用三维软件一样对角色进行动画的关键帧制作。

（1）右腿的绑定。

①建立父子关系。选择"右脚"图层，以"右小腿"图层为父级；选择"右小腿"图层，选择"右大腿"图层为父级，如图 12 – 34 所示。

图 12 – 34　建立父子层级关系

②在菜单栏中，执行"窗口"→"Duik"命令，展开"Duik"面板，如图 12 – 35 所示。

图 12 – 35　"Duik"面板

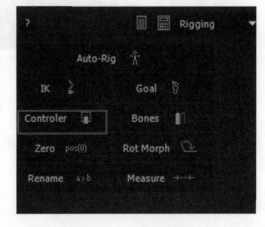

图 12 – 36　建立控制器

③选择"右脚",在"Duik"面板点击"Controler"(图12–36),建立一个控制器,这时图层便增加了一个叫"C_右脚"的图层,画面多了一个空白对象。

④按住"Shift"键依次选择"右脚""右小腿""右大腿""C_右脚"图层(一定要注意前三个需要按父子层级关系,从最底层往上选),在"Duik"面板点击"IK",建立一个"IK"(图12–37),这时图层便增加了一个名为"IK_zero 右小腿"的图层,这个图层处于锁定和隐藏状态。此时我们移动"C_右脚"的控制器即空白对象,发现右腿便自行产生了运动的效果(图12–39)。

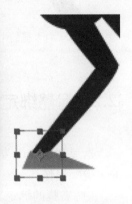

图12–37　建立"IK"　　　　　图12–38　参数　　　　图12–39　效果

(2)左腿的绑定。用同样的方法,建立左腿的"IK"。

(3)身体的绑定。身体的绑定需要用"操控点工具"进行。

①在工具栏选择"操控点工具"(图12–40),把其扩展与三角形的值都调大(图12–41),这样每个点控制的面积才会覆盖所绘制的身体。

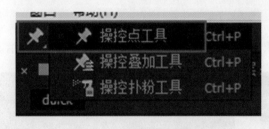

图12–40　操控点工具　　　　　　　图12–41　参数

②由上至下点三个点,如图12–42所示。这样便给"身体"图层增加了能影响其位移及形变的操控点。展开图层,在图层属性中也看到在"变形"下增加了三个操控点的选项(图12–43)。如果此时移动这些点,便会发生变形(图12–44)。

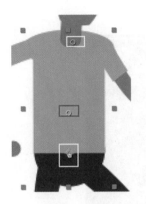

图 12 – 42　点三个点

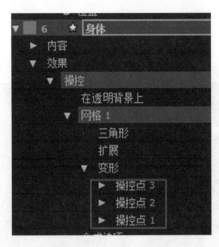

图 12 – 43　"变形"选项

图 12 – 44　身体变形

③选择点操作不是特别方便，因此我们在选择该图层的情况下，在 Duik 面板点击 "Bones"，建立骨骼（图 12 – 45），这时图层便增加了 3 个"B_操控点"的图层（图 12 – 46），画面多了 3 个空白对象（图 12 – 47）。

图 12 – 45　建立骨骼

图 12 – 46　操控点

图 12 – 47　空白对象

④为了便于后期的操作，要修改"B_操控点"图层的名称，把它们分别改为"身体1""身体2""身体3"。

⑤按人体运动的特点建立"身体1""身体2""身体3"的父子层级关系，"身体1"以"身体2"为父级；"身体2"以"身体3"为父级（图 12 – 48）。

（4）头部的层级关系的处理。"头发"图层以"脸"图层为父级；"脸"图层以"脖子"图层为父级；"脖子"图层以"身体1"图层为父级（图 12 – 49）。

图 12 – 48　父子层级关系

图 12 – 49　头部的层级关系

(5)"右手""右手袖""左手""左手袖"以"身体1"图层为父级。

(6)"右大腿""左大腿"以"身体3"图层为父级。

(7)此时的图层及其关系如图12-50所示。

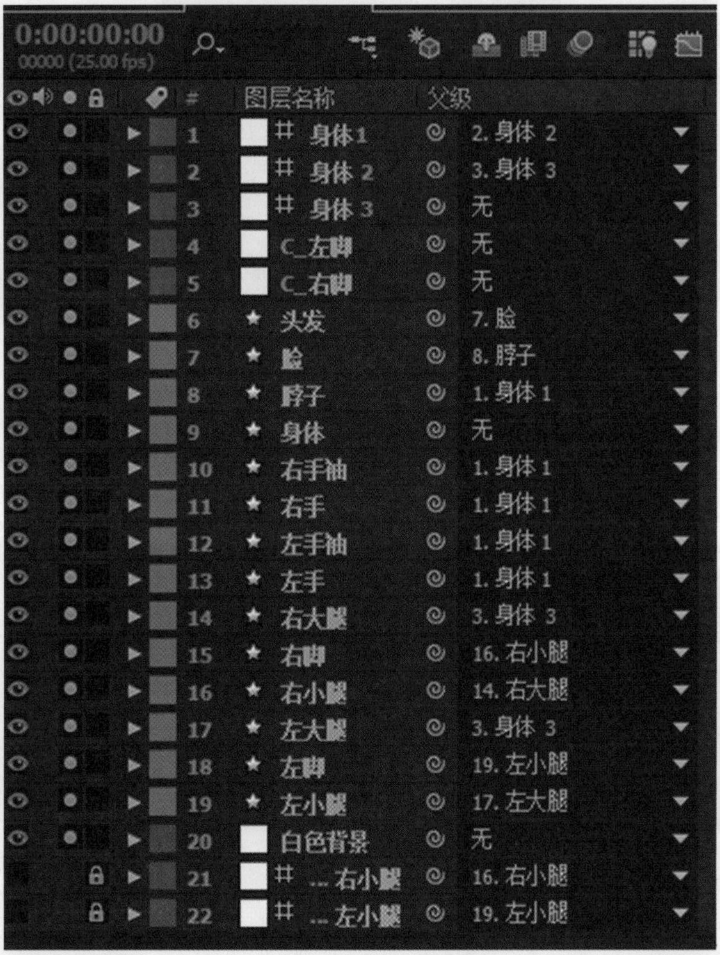

图 12-50　图层

12.3　走路动作的调整

走路动作是我们学习制作动画必须掌握的一个动作,掌握了它,做其他动作(比如奔跑、跳等)的动画就比较容易了。

在正式进入调整前,我们可以找一些走路的关键帧进行研究,研究走路动作的要点和难点,这里推荐《动画师生存手册》中的案例(图12-51)。

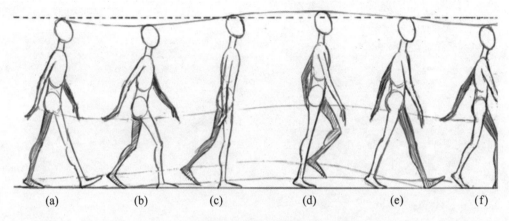

(a)　　　　(b)　　　　(c)　　　　(d)　　　　(e)　　　　(f)

图 12 –51　《动画师生存手册》里的案例

（1）根据走路的关键帧去调整关键帧的形态，"身体 3"是控制整个身体上、下、前进的空白对象，因此首先要调整它。调整位置时要调节"身体 3"等的位置与旋转值，如图 12 –52 所示。

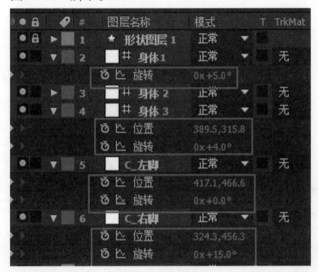

图 12 –52　参数

图 12 –53　形态

（2）调整右手与左手的路径形态，并在图层属性下的路径打关键帧（图 12 – 53、图12 –54）。这里需要用"选择工具"与"节点转换工具"反复进行调节。

（3）继续调整这些控制人的形态的图层，关键帧如图 12 –55 所示。

图 12 –54　参数

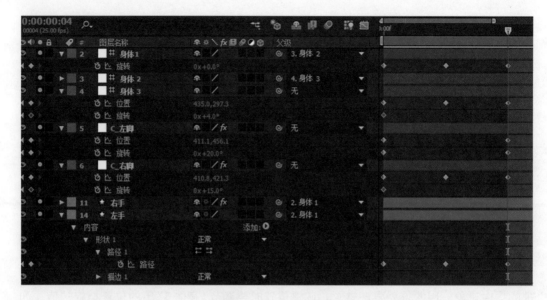

图 12 – 55　关键帧参数

（4）走路的姿势如图 12 – 56 所示，其他的也同样用这种调节方法。

图 12 – 56　走路形态

12.4　其他

至此，我们已经学习了 AE 基本的技术，平时要多看、多思考，在练好技术的同时提高自己的创意水平。

艺术家们给我们留下了许多珍贵的绘制作品，各种艺术流派的作品让我们得到情感的体验与美的享受，近年来一些视频作品利用名画这个切入点进行创作，得到了观众们的好评。如歌手张靓颖的歌曲 *Dust My Shoulders Off* MV 中（图 12 – 57），身处芝加哥美术馆的倒霉办公室女郎张靓颖，在接到老板的抱怨电话后，无意间进入了 12 幅名画所串联的奇妙世界。伴随奇趣流畅的转场，张靓颖颠覆名画本身的故事背景，展开充满想象力的剧情：拾穗中间弯着腰的女性原来是戴珍珠耳环的少女；在蒙克的《呐喊》中看到了达利画中的巨大神兽；而 *Nighthawks* 寂寞咖啡厅里背对观众的西装男竟然是达利。为将平面作品用 3D 动态呈现，所有搭景、服装，甚至演员与歌手全都画上了笔触，张靓颖亦身着浓厚油彩上阵。虽然说这个 MV 里的视频让名画里的人物动起来用的是实体人物表演的方式，但也给了我们许多启示，便是让名画动起来，会得到意想不到的效果。

图 12 – 57　张靓颖歌曲 *Dust My Shoulders Off* MV

　　比如，在上海世博会的中国国家馆参展的画作《清明上河图》，从初具创意到最终活灵活现呈现花了近两年的时间，绘画作品中的晨昏有变化，画中人物会动，赶路脚夫还会边走边吆喝，把画作所呈现的场景真实再现了，如图 12 – 58 所示。

图 12 – 58　《清明上河图》

　　除了从前人的作品中吸取经验外，多进行创作是让技术与创意都取得进步的一个重要方法。

参 考 文 献

[1] （美）Jon Krasner. 动态图形设计的应用与艺术[M]. 北京：人民邮电出版社，2016.

[2] 李渝. 动态图形设计基础[M]. 重庆：西南师范大学出版社，2011.

[3] 许一兵. 动态图形设计[M]. 上海：上海人民美术出版社，2013.

[4] （英）伊恩·克鲁克. 动态图形设计基础：从理论到实践[M]. 北京：中国青年出版社，2017.

[5] 孙立. 影视动画视听语言[M]. 北京：海洋出版社，2005.

[6] MG 动画自习室公众号发布的教程[EB/OL]. http：//mp. weixin. qq. com/s/_DvuT9mZCH0jGxkxJCOhLA，2017 – 02 – 05.

[7] Andrew Kramer 出品经典系列教程[EB/OL]. http：//videocopilot. net. cn/.